KB179380

손안의

수학 퍼즐

손안의
수학 퍼즐

초판 1쇄 발행일 2016년 5월 24일
초판 2쇄 발행일 2016년 10월 10일

지은이 박구연
펴낸이 김지영 **펴낸곳** 작은책방
제작 · 관리 김동영 **마케팅** 조명구

출판등록 2001년 7월 3일 제2005-000022호
주소 04047 서울시 마포구 어울마당로 5길 25-10 유카리스티아빌딩 3층
전화 (02)2648-7224 **팩스** (02)2654-7696

ISBN 978-89-5979-456-0 (04410)

- 책값은 뒤표지에 있습니다.
- 잘못된 책은 교환해 드립니다.
- Gbrain은 작은책방의 교양 전문 브랜드입니다.

손안의 수학 퍼즐

박구연 지음

지브레인

작가의 말

한 번에 짐을 옮기려는데 차에 전부 들어가질 않네? 어떻게 넣어야 하지?!

운전보다 주차가 더 어려워. 정확하게 주차할 수 있는 방법이 있을까?

어제 친구와 바둑을 두었는데 저 친구는 아무래도 몇 수 앞을 볼 줄 아는 거 같아. 항상 날 이기거든!

분명 와봤던 길인데 왜 자꾸 엉뚱한 곳이 나오는 걸까?

여러분은 이런 비슷한 경험을 한두 번씩은 해봤을 것이다. 이런 일은 보통 경험이나 대략적인 계산을 통해 해결하게 되는데 시행착오도 각오해야 한다. 그런데 적절하고도 빠르게 해결하는 사람들이 있다. 그들은 천부적 지능이나 감각이 우수해서 그런 걸까? 사실 우리가 겪는 이런 일상의 문제들은 알고 보면 수학과 무관하지 않을 때가 많다. 수학을 응용하면 쉽게 또는 정확하게 해결할 수 있게 되는 것이다.

《손안의 수학 퍼즐》은 여러분에게 이런 질문에 대해 해답을 주지는 못하지만 대신 다양한 재미와 함께 일상생활에서 응용할 수 있는 사고력도 선물할 것이다. 120개의 문제들은 제법 쉬운 퍼즐부터 멘사에서 자주 보이는 유형의 문제까지 다양한 난이도를 가지고 있다. 따라서 쉽게 풀리는 것은 쉽게 풀리는 대로, 다양한 사고력을 요구하는 문제는 그 문제대로 즐기며 풀기를 바란다.

천재와 바보는 종이 한 장 차이라 한다. 이는 사실 뇌는 대부분 별다른 차이가 없으며 다만 얼마나 논리적 사고와 뇌 활용을 할 줄 아느냐에 따라 천재와 바보가 나뉘어진다는 소리라고 한다. 《손안의 수학 퍼즐》은 수학적 호기심과 끈기, 다양한 사고력을 무기로 한다면 누구나 도전할 수 있는 문제들이며 얼마든지 즐길 수 있는 문제들이다. 그러니 부디 여러분의 잠자는 뇌를 깨우는데 큰 도움이 되길 바란다.

이해를 돕기 위해 마지막 페이지에는 《손안의 수학 퍼즐》에 나오는 문제들의 유형에 대해 소개했다. 퍼즐의 분야는 조각 맞추기와 도형, 숫자에 대한 규칙 등 여러 패턴을 파악하여 문제를 해결하는 것 외에도 두뇌를 활용한 수학도 포함된다는 것도 알게 될 것이다.

《손안의 수학 퍼즐》에 수록된 해답에 너무 연연할 필요도 없다. 여러분이 더 쉽게 답을 구하는 방법을 창조할 수도 있기 때문이다. 여러 개의 답을 가진 문제들도 있으니 이 책의 답만을 고집하지 않아도 된다. 이 책은 그저 여러분의 지친 머리를 쉬게 하고 즐길 수 있는, 날 위한 재미있는 퍼즐 책일 뿐이니 여러분은 문제를 하나씩 풀어가며 재능을 발휘해보길 바란다. 의외의 수학 실력에 감탄하는 자신을 발견하고 수학 퍼즐이 주는 만족감을 느낄 수 있을 것이다. 알쏭달쏭한 퍼즐을 다양한 각도로 생각하고 연구해 풀어나가는 그 과정이 여러분에게 많은 성취감을 줄 것임을 확신한다.

2016년 5월 박 구 연

c o n t e n t s

수학 퍼즐

1 다른 도형 찾기

다음 그림 중 4개는 같은 도형을 회전한 것이고, 나머지 1개는 다른 도형입니다. 다른 도형을 찾아보세요.

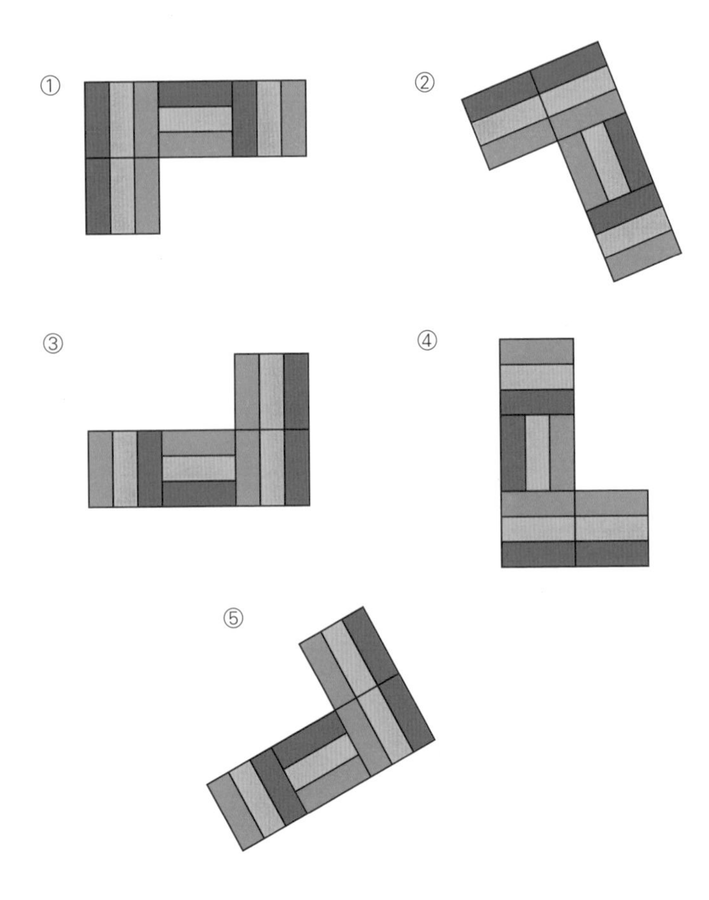

 답 134P

다음 그림 중 4개는 같은 도형을 회전한 것이고, 나머지 1개는 다른 도형입니다. 다른 도형을 찾아보세요.

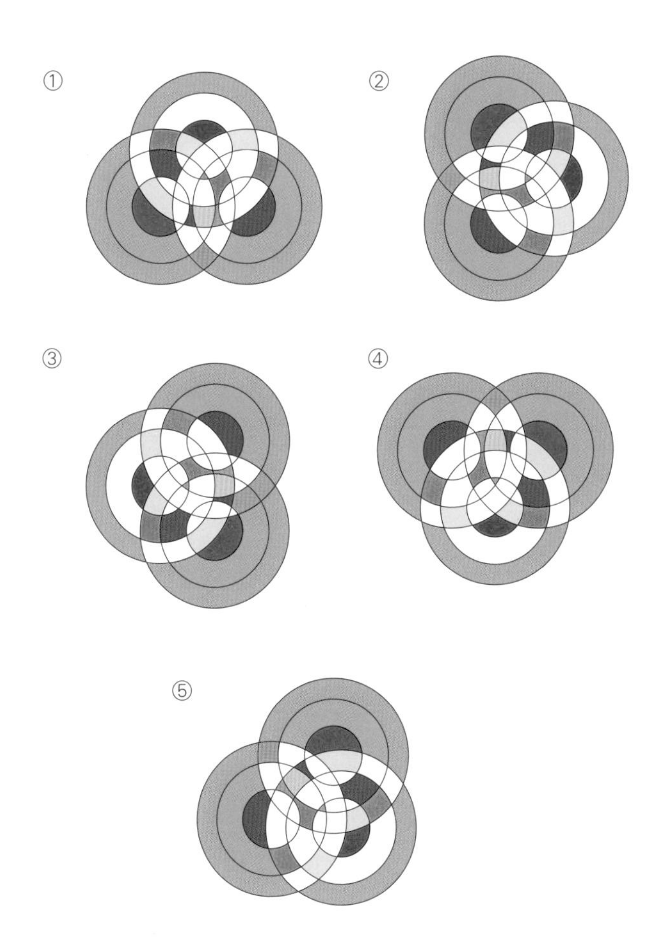

답 134P

3 정육면체 쌓기

다음과 같이 정육면체가 놓여 있을 때 몇 개의 정육면체를 더 쌓아야 가로, 세로, 높이의 개수가 같은 쌓기나무를 만들 수 있을까요?

 답 134P

아래 아홉 칸에는 숫자 6개가 채워져 있습니다. 가로, 세로의 합은 모두 같으며 아홉 칸의 숫자의 한 쌍은 같은 숫자라고 할 때 빈 공간을 채워보세요.

1		17
	8	2
9	10	

답 134P

다음 그림을 같은 모양으로 3등분 하세요.

 답 134P

숫자 맞추기 6

네 개의 색으로 이루어진 수건이 3개 있습니다. 마지막 파란 색 수건 ?에 알맞은 숫자는 무엇일까요?

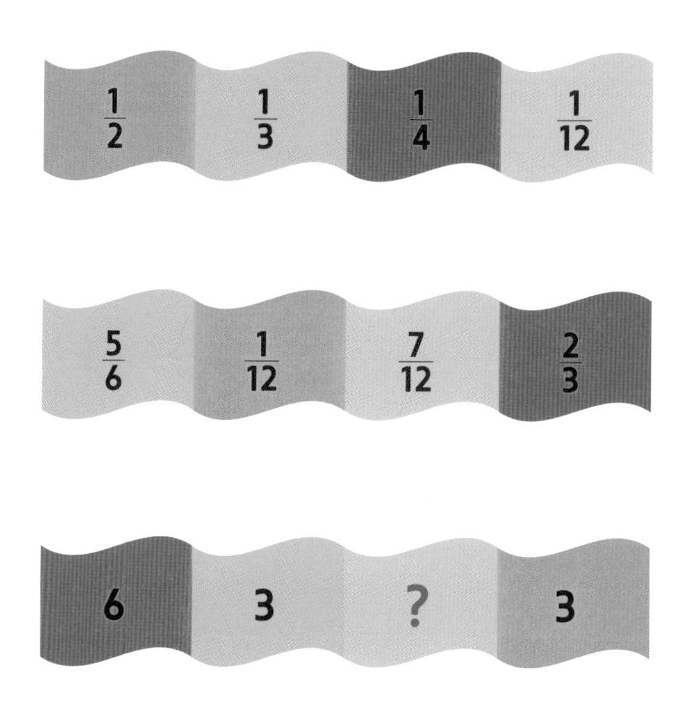

7 숫자 맞추기

각 줄에 배열된 네 개의 수를 보고 다섯 번째에 들어갈 숫자를 구해보세요.

1113 = 3

1421 = 2

2720 = 0

2310 = 1

17172 = ?

 답 134P

숫자와 문자들 사이에서 규칙을 찾아 ?에 들어갈 숫자를 구해보세요.

2S1TU ＝1

TB325 ＝1

ATS01 ＝1

R2TTQ ＝2

EERE4T ＝?

답 135P

9 숫자 맞추기

7개의 조각으로 이루어진 원이 있습니다. 각 조각에 적힌 숫자들 사이의 규칙을 찾아 빈 조각의 **?**에 알맞은 수를 구해보세요.

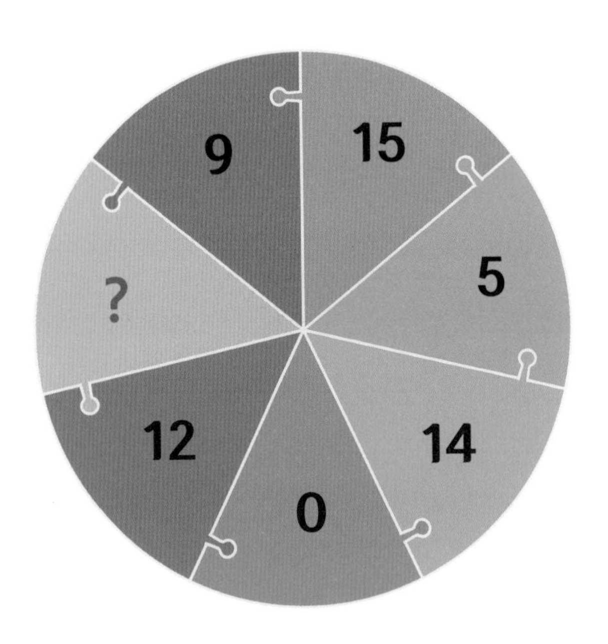

 답 135P

마름모 네 방향에 위치한 숫자와 안쪽의 숫자에는 어떤 관계가 있습니다. 사칙연산을 이용해 네 번째 마름모의 **?**에 알맞은 수를 구해보세요.

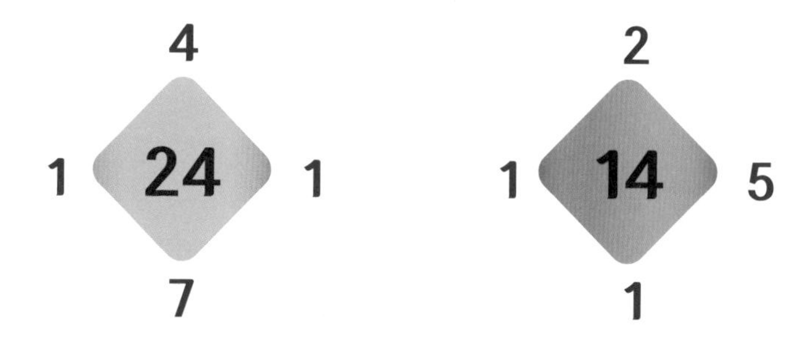

답 135P

11 비의 값 구하기

여러 개의 항아리가 있습니다. 항아리 안의 개구리 수의 비의 값과 개구리 수 중에서 파리를 잡아먹는 순간의 개구리 수의 비의 값을 각각 구해보세요.

12 쌓기 나무에 구멍 뚫기

쌓기나무 앞면에 세 개의 검게 칠한 부분을 앞에서 뒤까지 뚫고, 옆면은 오른쪽에서 왼쪽으로 뚫으면 여러 개의 쌓기나무가 줄어듭니다. 계속해서 위에서 아래로 끝까지 뚫으면 마지막에 남는 쌓기나무는 몇 개일까요?

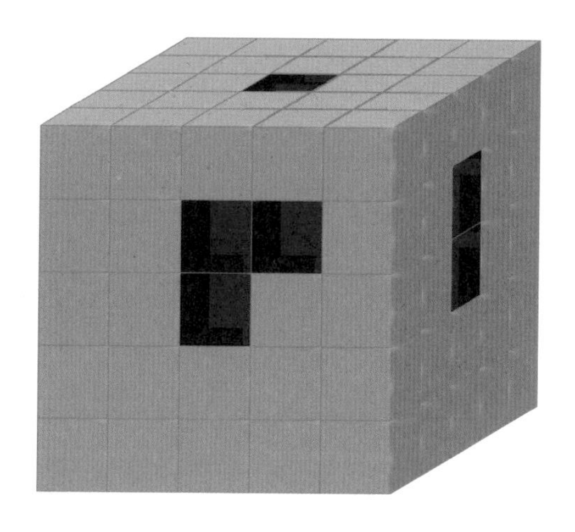

답 135P

13 알파벳 배열하기

다음의 조건을 보고 알파벳 5개를 순서대로 배열해보세요.

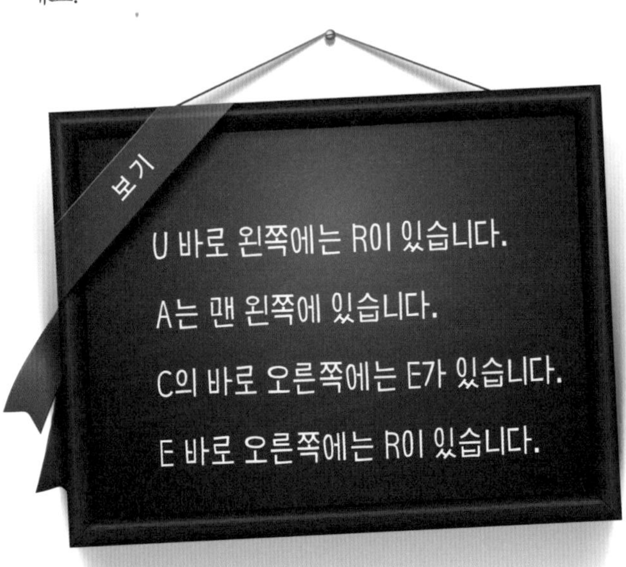

 답135P

숫자들 사이의 관계를 파악해 조정키 안의 ?에 해당되는 숫자를 구해보세요.

답 135P

15 규칙 찾기

길을 따라 숫자의 규칙을 찾은 뒤 마지막 두 칸에 알맞은 숫자를 써 넣으세요.

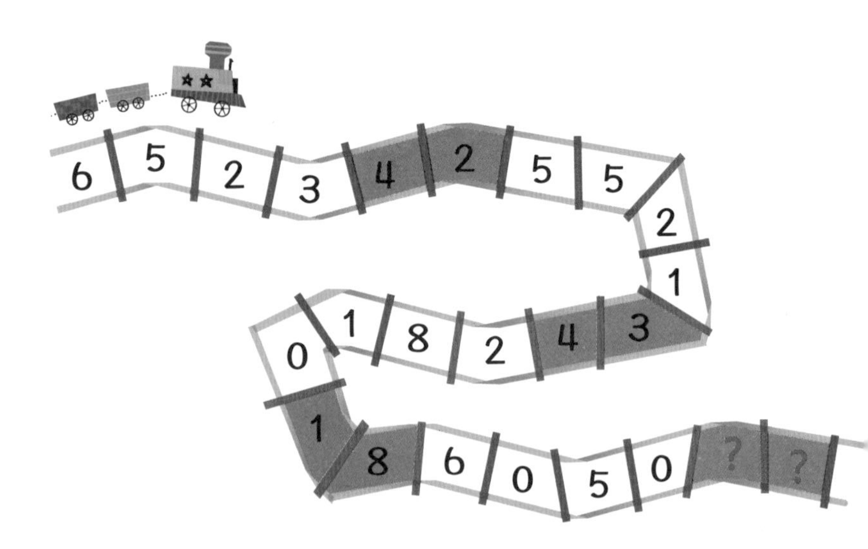

답 136P

?에 올 숫자는 무엇일까요?

답 136P

숫자 맞추기

아래 9칸의 숫자들 사이에는 어떤 규칙이 있습니다.

그 규칙에 따라 빈 칸을 구해보세요.

17	50	?
11	54	51
101	90	30

답 136P

이상한 덧셈 18

아래 덧셈은 일반적인 더하기로 계산한 것이 아닌 색다른 연산에 의해 나온 답입니다. 그렇다면 12 + 94의 답은 무엇일까요?

75 + 57 = 1410

68 + 21 = 710

24 + 36 = 87

12 + 94 = ?

답 136P

19 규칙에 따른 선 잇기

보기의 독수리 문양에는 다섯 개의 원이 있습니다.

그중 4, 5, 2의 곱은 40이고, 8과 5의 곱도 40입니다. 이에 따라 선을 이었습니다.

곱하기 규칙을 적용해 다음 독수리 문양에 선을 이어 보세요.

답 136P

별 모양 선으로 잇기 20

별 안의 숫자는 서로 연결한 선의 개수입니다. 연결할 때에는 이웃한 선끼리 연결해야 하며, 선과 선은 겹치지 않도록 그려야 합니다. 별에 나머지 선을 연결하여 완성하세요.

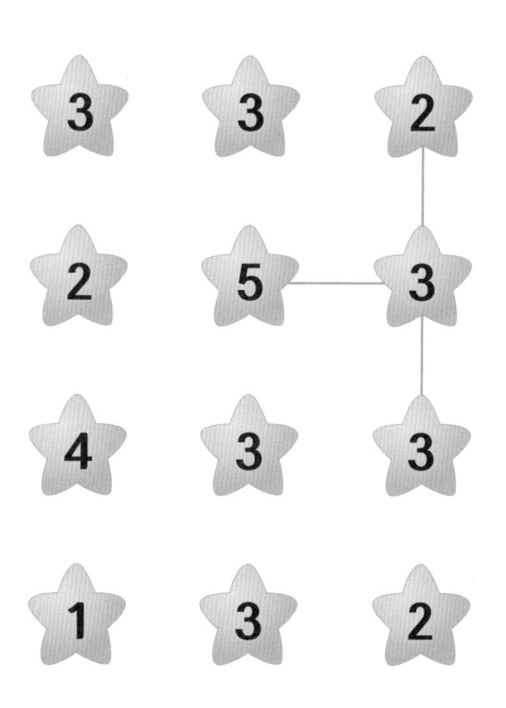

답 137P

21 성냥개비 옮기기

우변의 성냥개비 한 개를 좌변으로 옮겨도 식이 성립하도록 만들어보세요. 우변의 성냥개비 몇 개를 이동해도 됩니다.

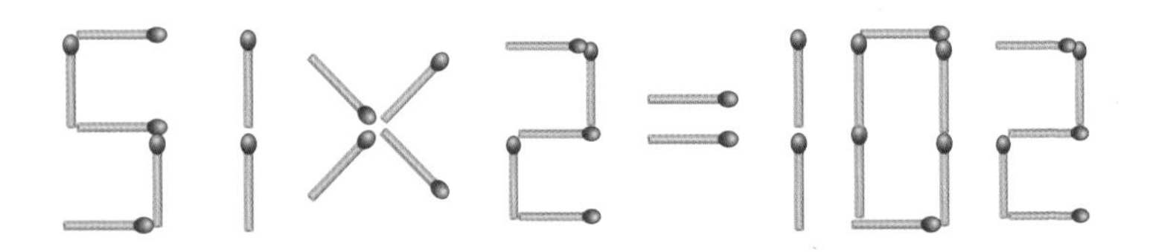

 답 137P

22 몇 개일까요?

정사각형 모양의 노란 색종이를 네 등분으로 자릅니다. 그리고 네 등분 중 한 부분을 같은 방법으로 다시 자르면 모두 7개의 정사각형이 됩니다. 이러한 방법으로 100번 자르면 모두 몇 개의 정사각형이 나올까요?

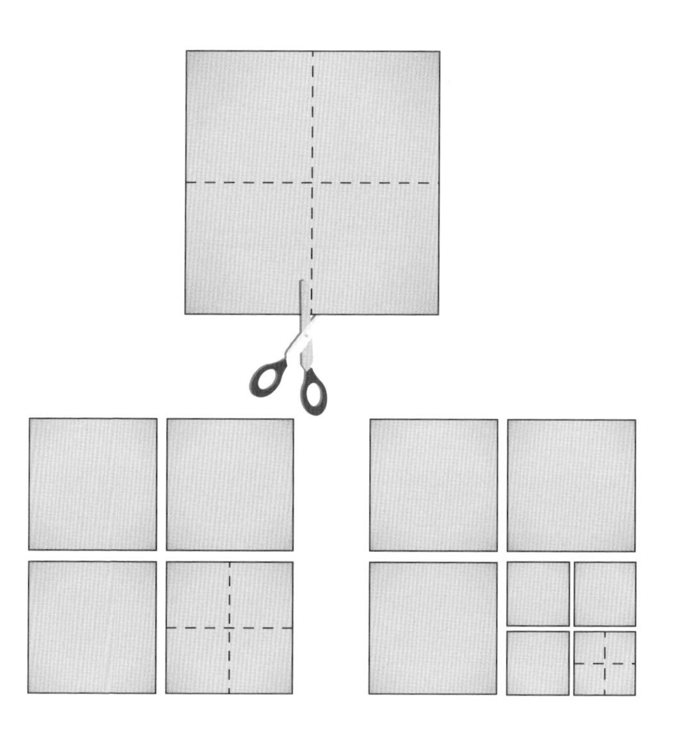

답 137P

23 정육면체 전개도

성환이는 정육면체 모양의 상자를 만들어 파란색으로 색칠한 후 펼쳐보았더니 다음 그림처럼 나타났습니다. ①~⑤번 상자 중 성환이가 만든 색칠한 정육면체가 아닌 것을 골라보세요.

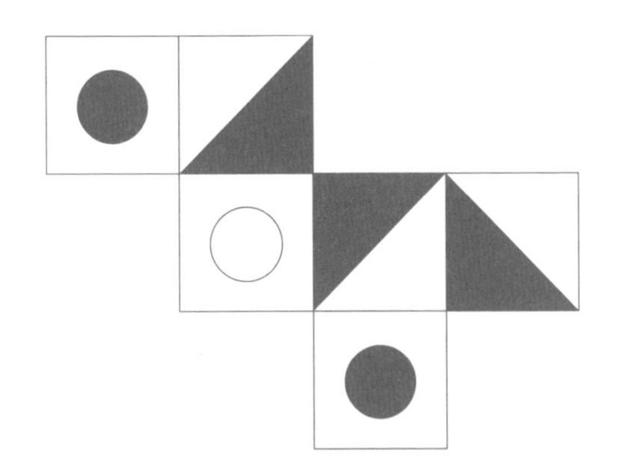

① 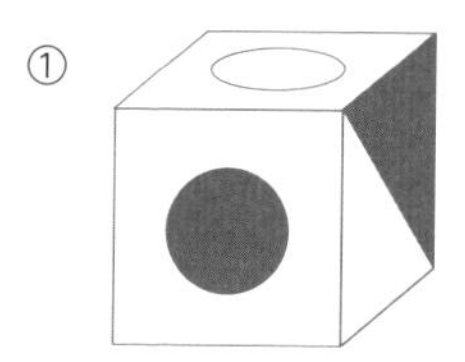

② 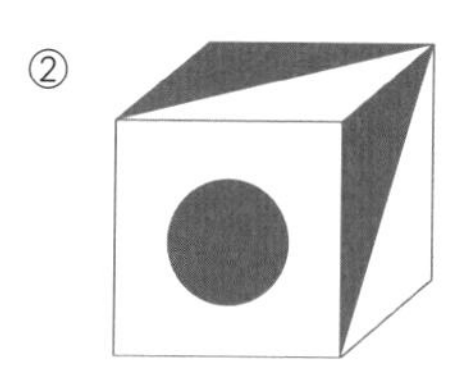

③ 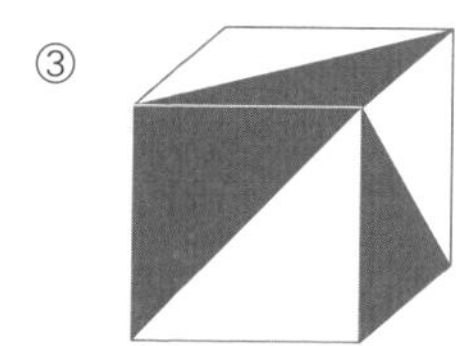

④ 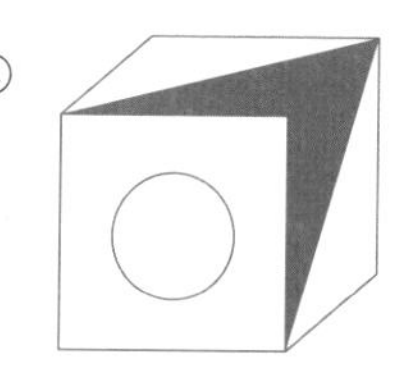

⑤ 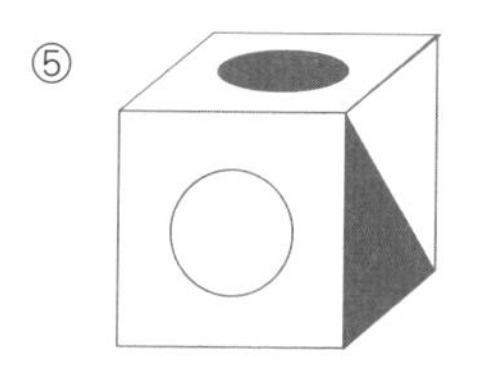

답 137P

24 숫자 맞추기

에펠탑 주위의 6개의 오각형은 어떤 규칙에 따라 숫자가 배열되어 있습니다. 오각형 안 **?**에 알맞은 숫자를 써 넣어보세요.

 답 137P

가로, 세로, 각 4칸짜리 사각형 안에 1부터 4까지의 숫자가 한 번씩만 들어가게 하려고 합니다. 규칙에 맞게 빈 곳에 알맞은 숫자를 써넣으세요.

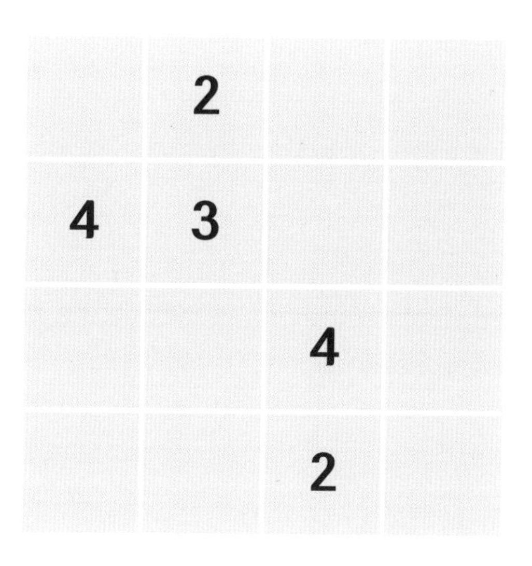

답 138P

26 정사각형 맞추기

주어진 모양을 두 조각으로 잘라 이어서 정사각형을 만들려고 합니다. 어느 부분을 잘라야 하는지 선으로 표시하세요.

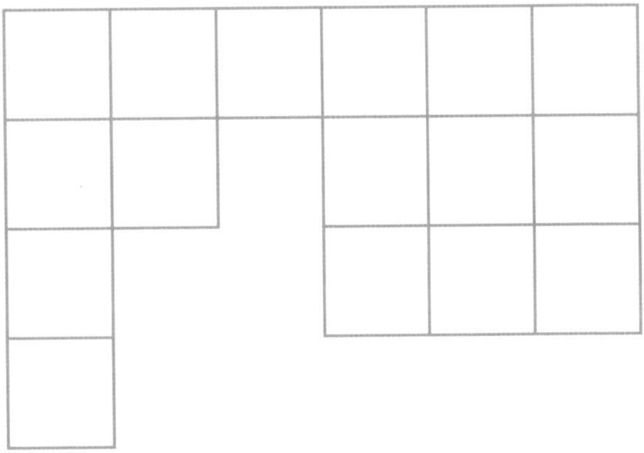

답 138P

아래 그림은 원 위에 1부터 40까지 숫자의 점을 찍은 후 서로 2개씩 연결한 것입니다. 어떤 규칙에 따라 선분을 그었는지 간단히 설명해 보세요.

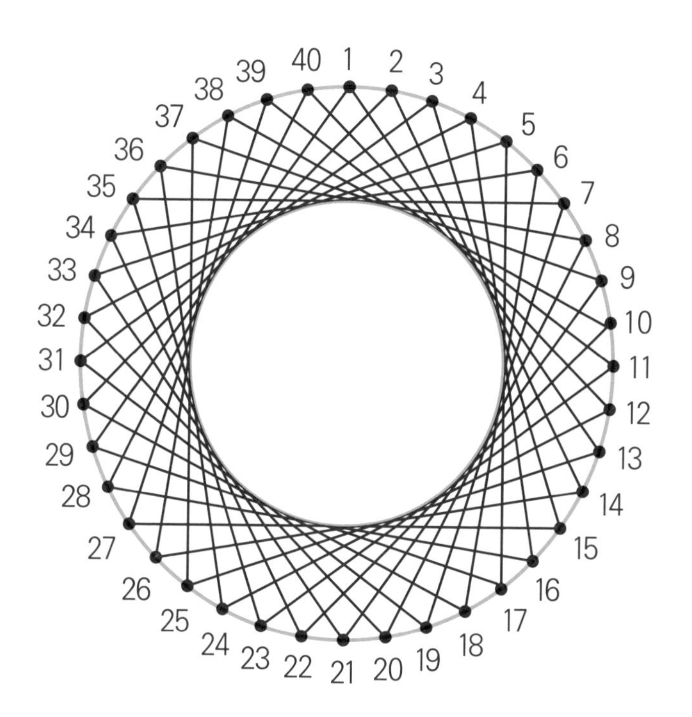

답 138P

28 생각하는 퍼즐

각 행과 각 열의 수들의 합이 각각 50이 되도록 빈 칸에 숫자를 넣어보세요. 단, 같은 숫자라도 문제의 조건에 맞으면 중복 사용할 수 있습니다.

11			16
			14
14	17		
	15	8	

답 138P

도형 안의 유사성 찾기 29

아래 도형 중 성격이 다른 하나를 찾아보세요.

①
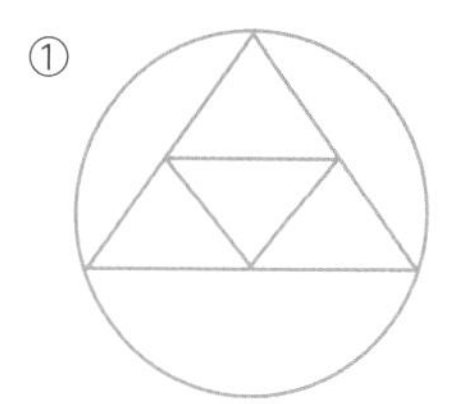

②
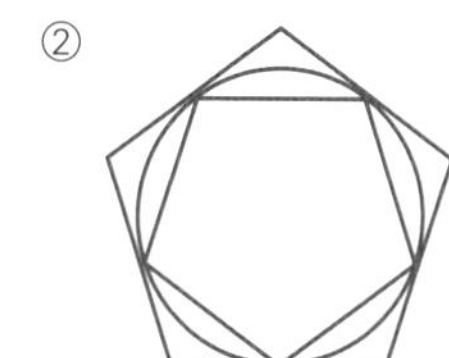

③
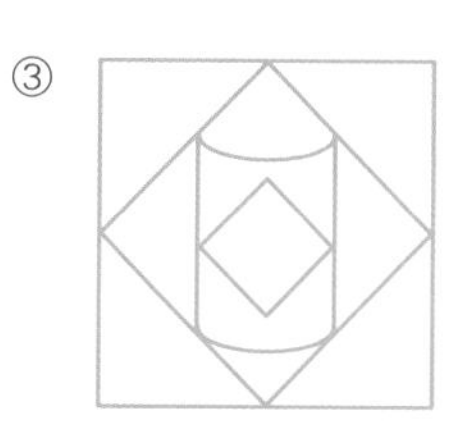

④
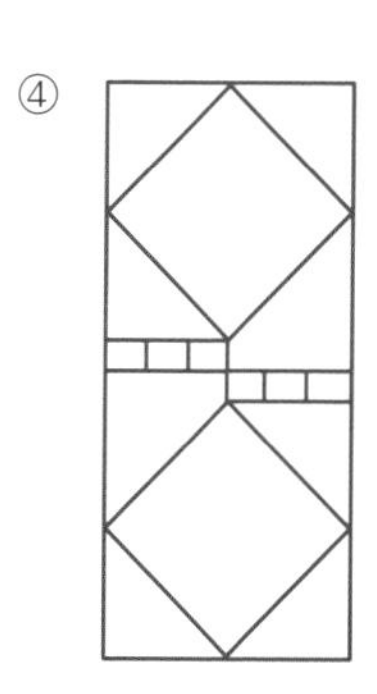

⑤
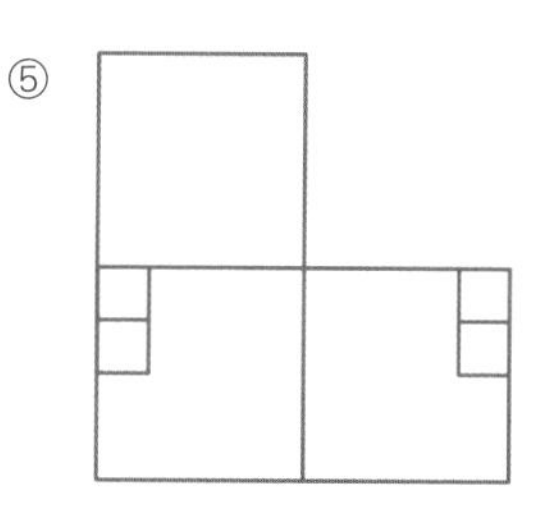

답 138P

30 보석의 위치 찾기

아래 그림처럼 빨간 보석을 시작으로 시계방향으로 처음에는 7칸, 그 다음에는 6칸, 그 다음에는 5칸 … 1칸 순으로 움직입니다. 결국 이상 움직이지 못하면 다시 1칸씩 점점 증가해 움직여 최종적으로 7칸 움직이면 이번에는 다시 1칸씩 감소하여 이동합니다. 이 움직임이 서서히 증가하거나 감소하는 것을 한 주기라고 할 때, 주기를 7번 반복하면 어느 위치에 보석이 있을까요? (단 시작은 점점 감소하는 것으로 시작합니다.)

아래 그림 중에서 다른 그림 하나를 찾아보세요.

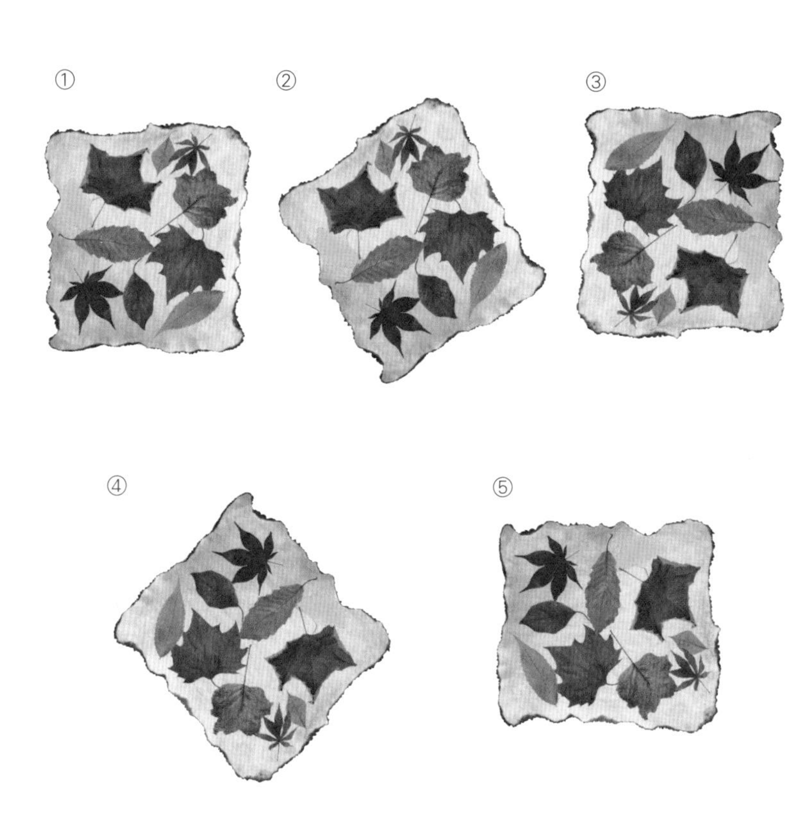

답 139P

32 도형 넓이 구하기

보라색 부분의 도형의 넓이를 구해보세요(단 원주율은 3.14로 계산합니다).

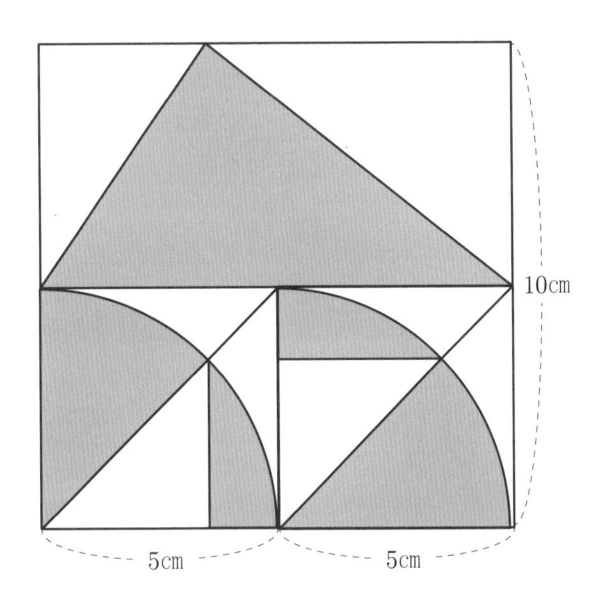

 답 139P

아래 숫자를 보고 규칙을 찾아 ?의 답을 찾아보세요.

6600 = 0

7050 = 1

11300 = 0

470506 = 1

323200 = 0

1070304 = 2

802030304 = ?

답 139P

34 축구공 전개도

왼쪽 축구공의 가장 중간에 있는 정오각형 모양의 검은색 타일을 ③으로 하고 그대로 펼쳤을 때 보기 중 전혀 보이지 않는 정오각형 타일은 어떤 것일까요?

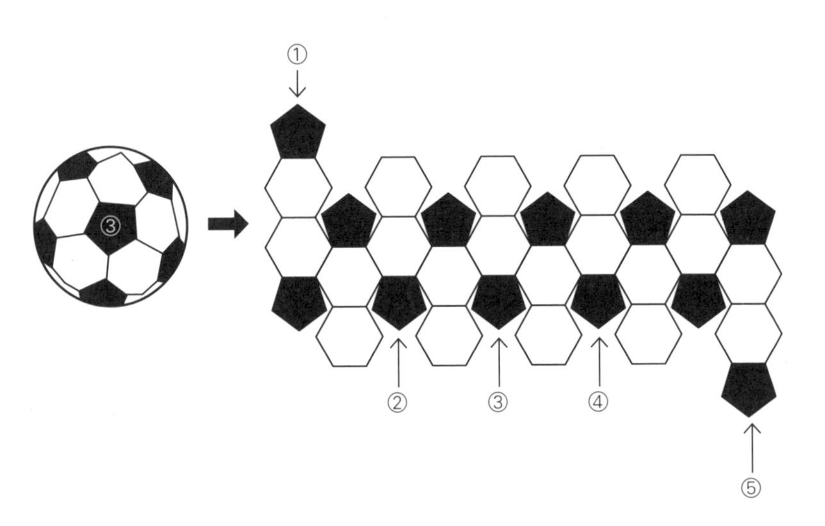

 답 139P

직선으로 원 분할하기 35

원에 직선을 하나씩 늘려 그려보면 나누어지는 부분이 점점 많아집니다. 직선 60개를 그으면 원은 최대한 몇 부분으로 나누어질까요?

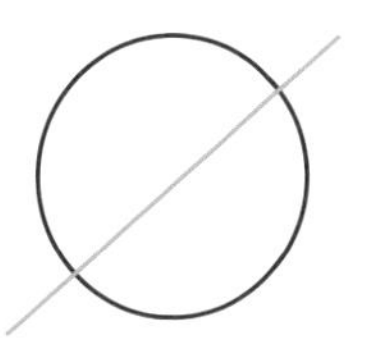
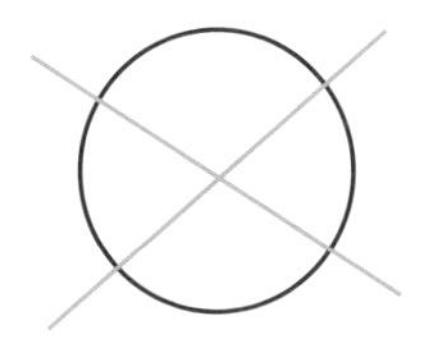
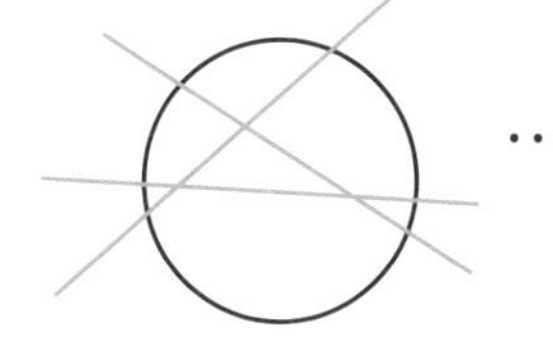

…

답 139P

아래 5개의 조각으로 숫자 0을 만들어보세요.

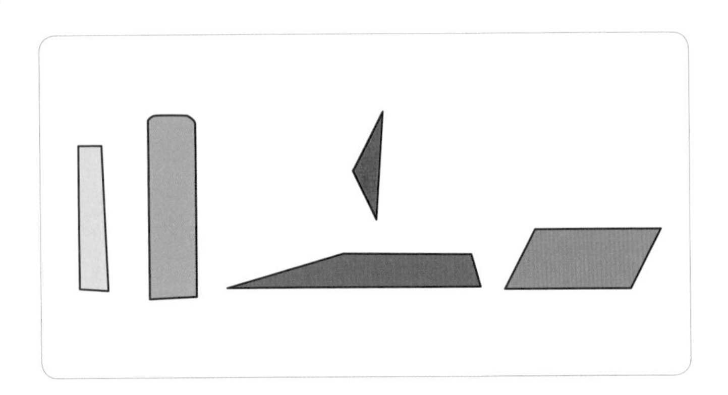

 답 140P

경우의 수 37

1~9까지 아홉 개의 숫자를 사용해 정수를 만들려고 합니다. 같은 숫자를 여러 번 사용해도 된다면 세 자리의 정수를 몇 개까지 만들 수 있을까요?

1 2 3 4 5 6 7 8 9

답 140P

38 경우의 수-동물기호

어느 부족은 사자 기호 2개, 코뿔소 기호 3개, 얼룩말 기호 4개를 배열해서 기호를 나타낸다고 합니다. 그러면 총 몇 가지의 기호를 나타낼 수 있을까요?

답 140P

아래 두 개의 빈 칸에 알맞은 알파벳은 무엇일까요?

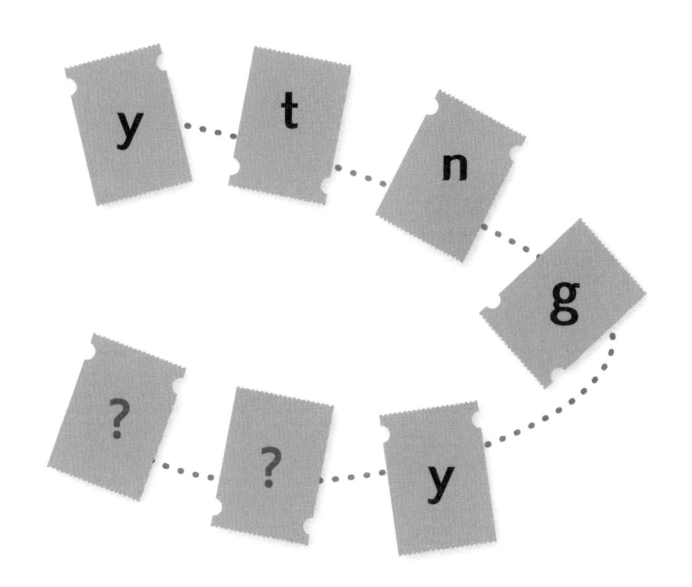

답 140P

아래 ?에 알맞은 숫자를 넣어보세요.

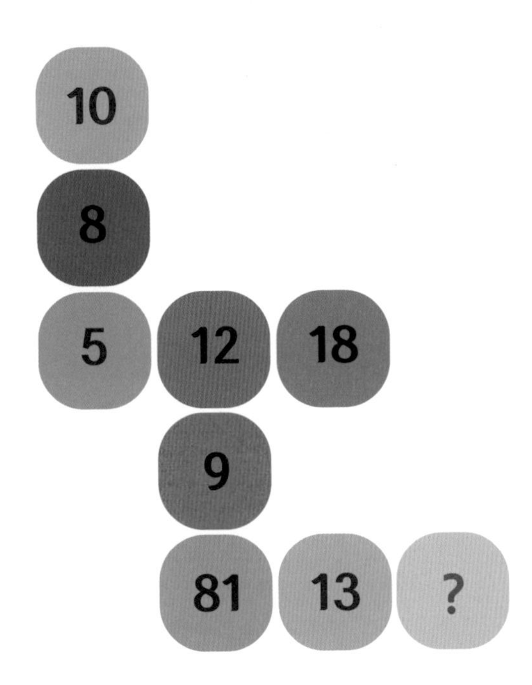

 답 140P

A, B에 알맞은 숫자는 무엇일까요?

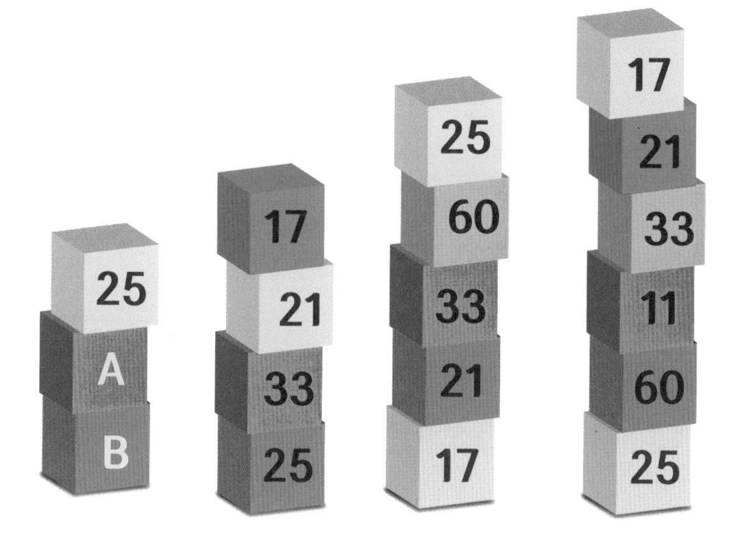

아래처럼 왼쪽부터 순서대로 세어 나갈 때 100번째에 올 수를 구해보세요.

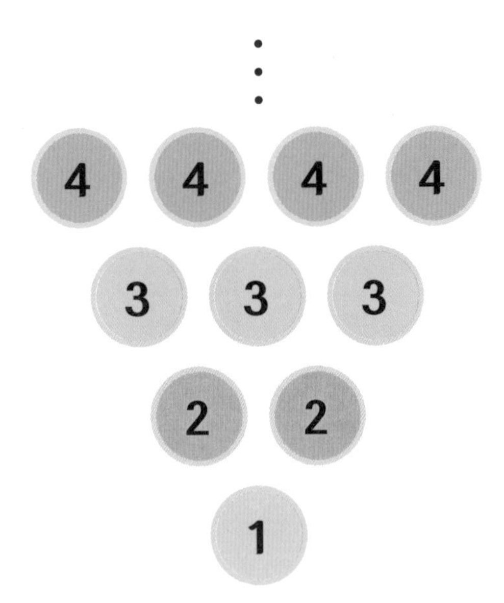

 답 141P

이집트의 파라오 무덤에서 다음과 같은 두루마리 문서가 발견되었습니다. 어떤 메시지를 담은 것처럼 보이는 이 문서의 ?에 맞는 모양은 무엇일까요?

답 141P

44 입체도형의 단면

입체도형의 단면은 자르는 방향에 따라 모양이 달라집니다. 그런데 구만은 어느 방향으로 잘라도 항상 원입니다. 아래 도형은 두 개의 구멍 뚫린 원뿔대가 맞닿아 있으며 비스듬히 위에서 아래로 잘랐을 때 어떤 모양이 나올지 오른쪽 보기에서 골라보세요.

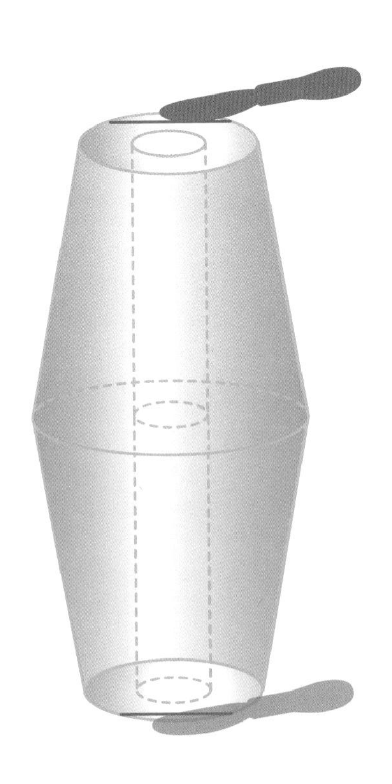

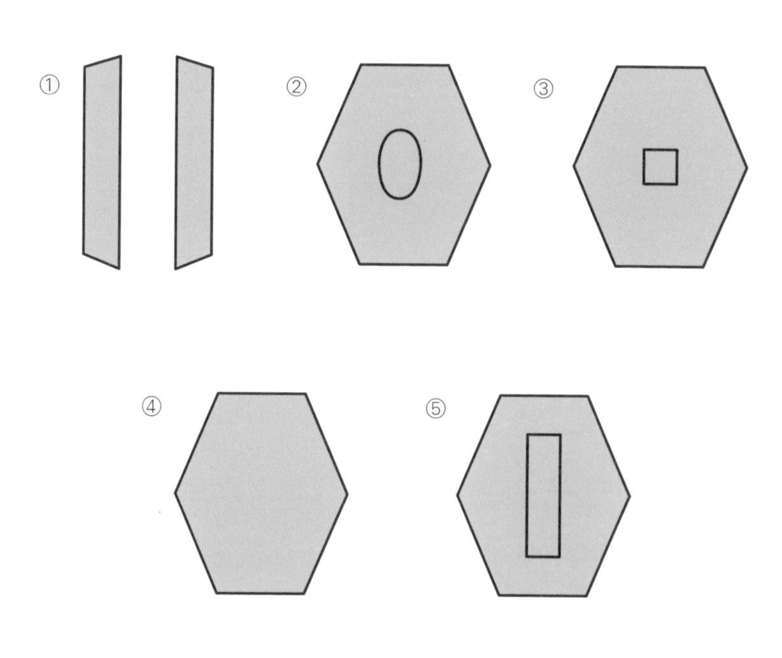

답 141P

45 모양 맞추기

?에 와야 할 그림을 그려보세요.

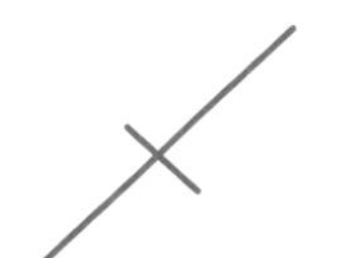

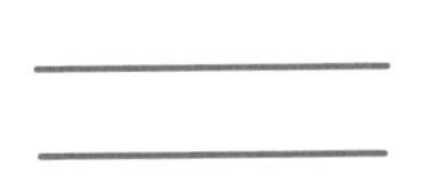

?

답 141P

바둥바둥 계단오르기 46

어떤 남자가 계단을 뛰어 오르고 있습니다. 한 걸음씩 뛰어 올라갈 때마다 순서쌍의 숫자가 바뀐다면 **?**에 알맞은 숫자는 무엇일까요?

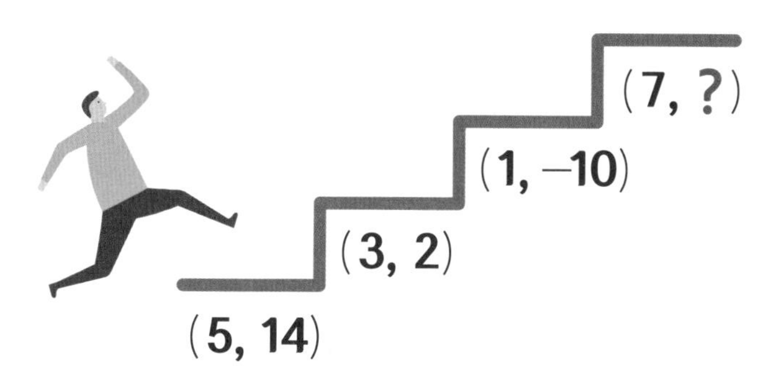

답 141P

47 자연수의 성질

백화점이나 아파트의 옆 계단을 보면 아래와 같은 모양을 볼 수 있습니다. 보라색 원 안에 있는 숫자는 아래로 내려갈수록 점점 커집니다. 규칙을 찾아 보기에서 **?**에 알맞은 수를 찾아보세요.

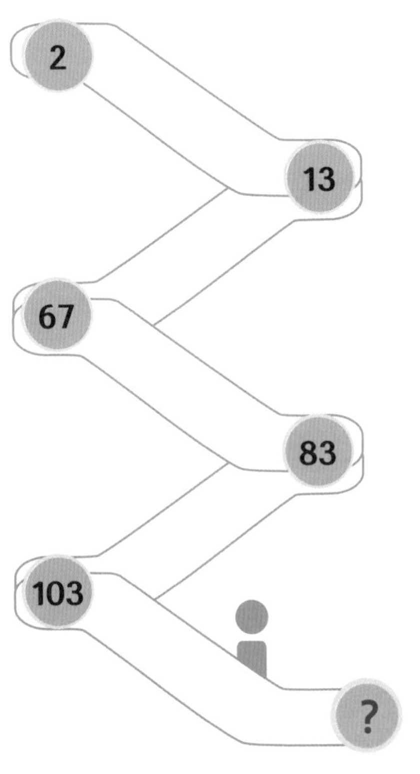

① 100 ② 102

③ 104 ④ 110

⑤ 113

 답 141P

①은 쌓기나무, ②는 연결큐브로 만든 것입니다. 두 입체도형은 바닥면에 쌓을 수 없고 뒤집거나 돌리지 못한다고 할 때, 연결큐브 한 개를 더 붙여 ①에서는 만들 수 없지만 ②에서는 만들 수 있는 모양이 몇 가지인지 구해 보세요.

①

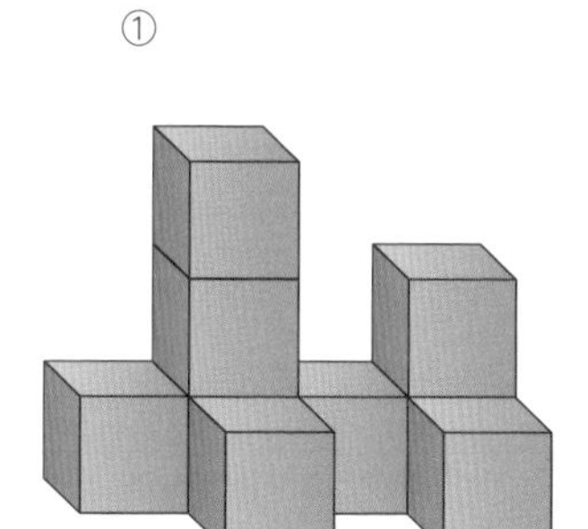

②

답 142P

49 사용한 연결큐브 찾기

보기의 쌓기나무를 만들 때 사용한 연결큐브를 ①~⑤ 중에서 3개를 찾아 보세요.

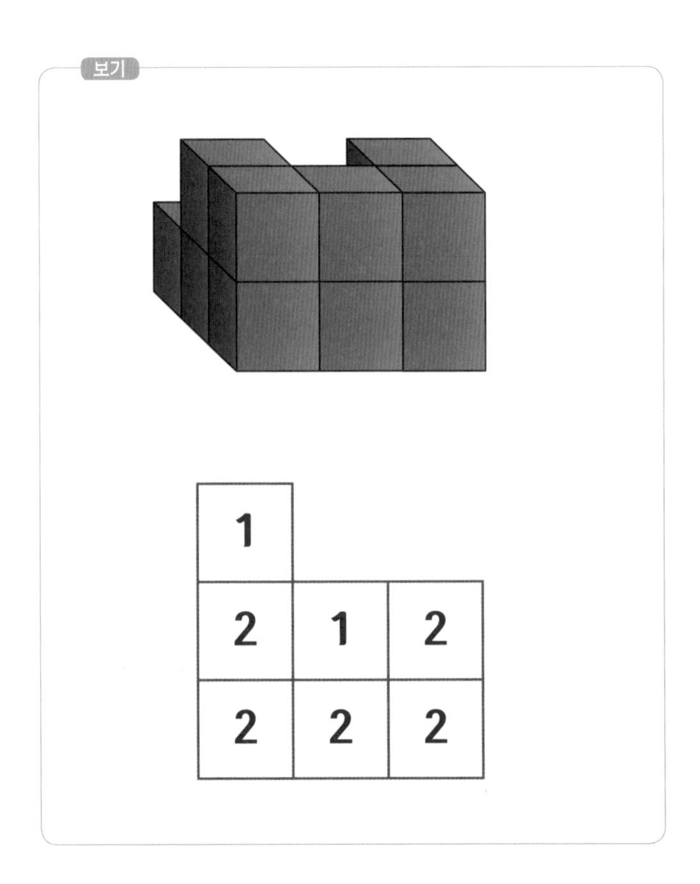

①

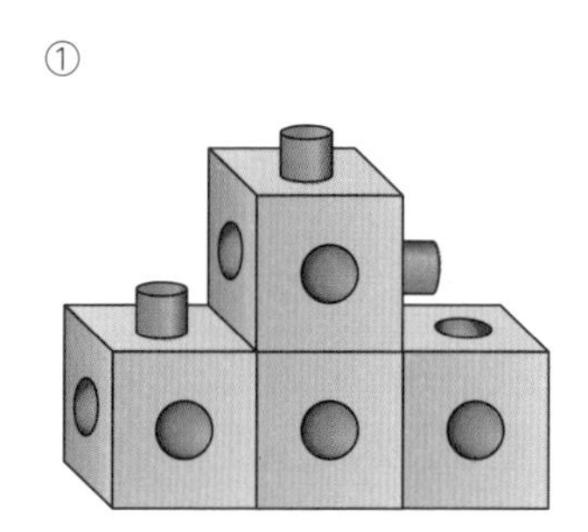

②

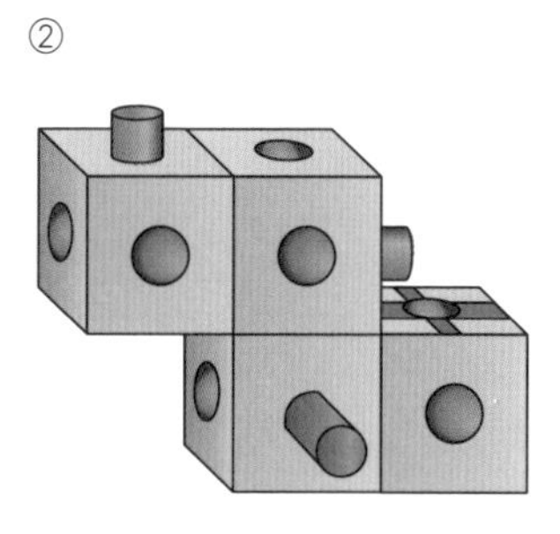

③

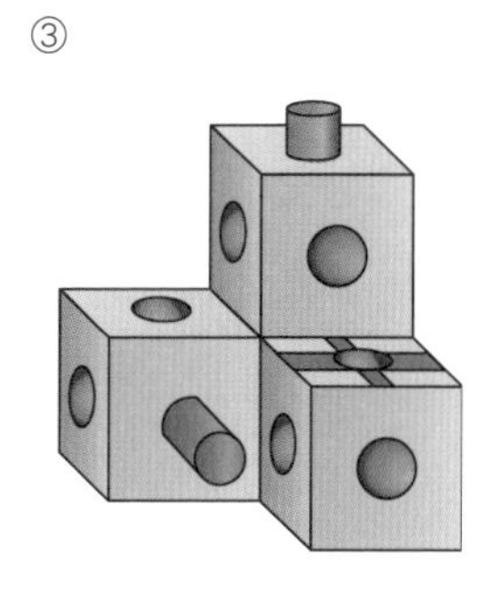

④

⑤

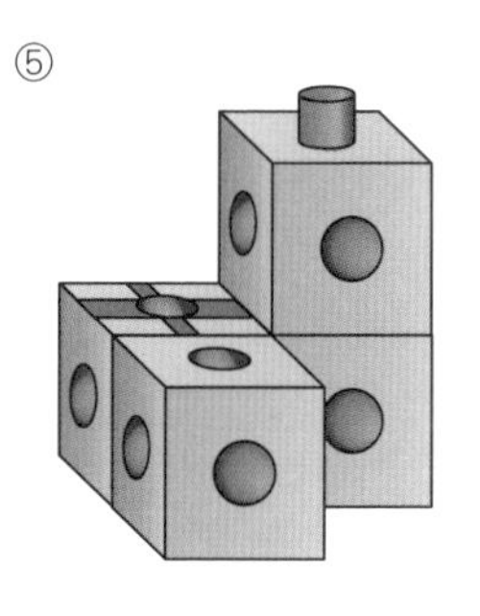

답 142P

50 암호해독하기

아래는 어떤 프로그램을 설계해서 알파벳의 위치를 이동하는 명령 기호를 나타냅니다.

ELOB⊙
>>>> BELO

ACDZ♣
>>>> ZDCA

CAPQ⊕
>>>> QAPC

원순열에 네 개의 알파벳이 있고 이 알파벳이 ⊙, ♣, ⊕를 실행하면 알파벳은 각각 어떤 위치에 놓이게 될까요?

단, 반시계 방향으로 C가 맨 처음 시작하는 알파벳이고, Q가 마지막에 오는 알파벳입니다.

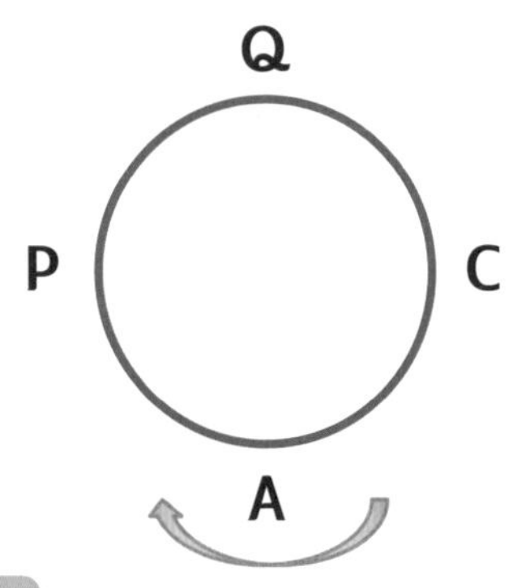

 답 143P

아래 도면 위에 주사위를 굴렸을 때 오는 눈의 위치를 확인해 ?에 알맞은 숫자를 구해보세요.

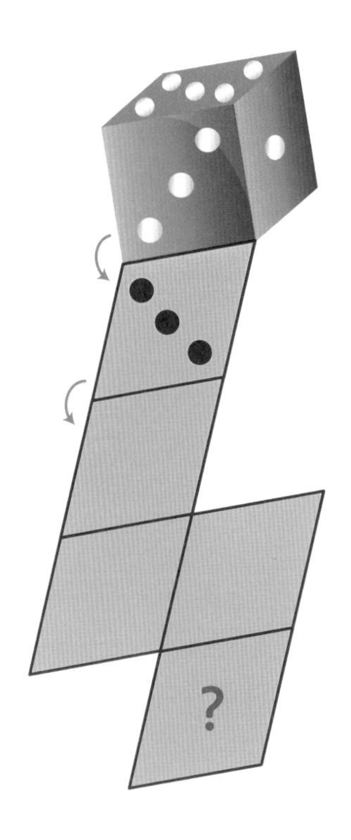

답 143P

52 도형의 패턴 이동

가로와 세로가 세 칸인 배열판에서 두 도형의 이동 패턴을 찾아 마지막 배열판에 맞는 그림을 그려 넣어보세요.

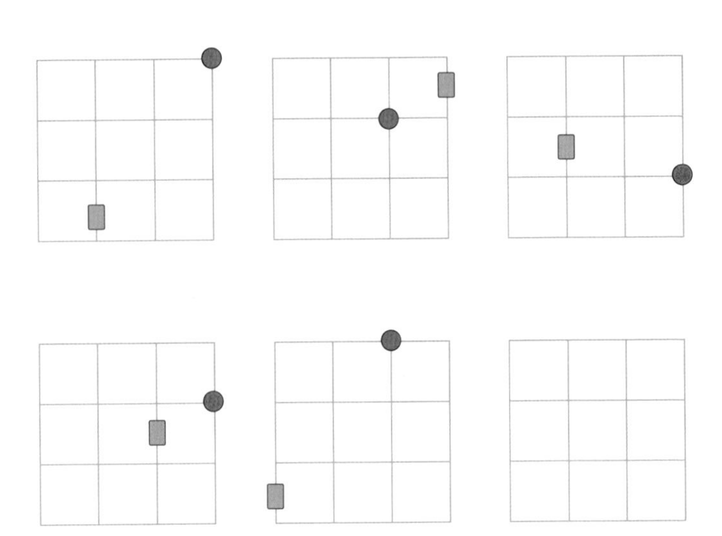

 답 143P

나무도막의 색깔문제 53

32개의 나무토막을 붙여 만든 입체물을 먹물이 가득 들어 있는 수조에 담근 후 빼냈을 때 한 면만 먹물이 묻은 나무토막은 모두 몇 개인지 구해보세요.

답 144P

54 볼링핀 위치 바꾸기

볼링핀이 알파벳 A－B－C－D－E 순으로 놓여 있습니다. 한 번에 이웃한 3개의 볼링핀의 순서를 바꿀 수 있으며 이는 예를 들어 A－B－C－D－E의 순서의 볼링핀을 B, C, D 3개가 D, C, B의 순서가 되는 것입니다.

그렇다면 몇 번 움직였을 때 볼링핀의 순서가 E－D－C－B－A가 될 수 있을까요?

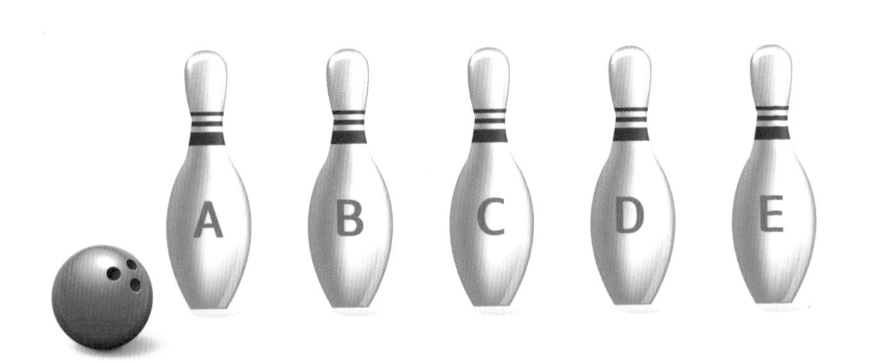

 답 144P

해안가를 둘러싼 울타리가 다음 그림처럼 있습니다. 자세히 보니 울타리에는 숫자들이 적혀 있군요. 규칙을 찾아 ?에 알맞은 숫자를 구해보세요.

답 144P

56 테니스 공 담기

70여 개의 테니스 공을 한 개의 통을 제외한 동일한 통에 같은 숫자만큼 넣었더니 모두 들어갔습니다. 계속해서 이번에는 각 통에서 테니스공을 1개씩 꺼내 빈 통에 넣었더니 다시 같은 숫자만큼의 테니스공이 들어갔습니다. 테니스 공은 모두 몇 개일까요?

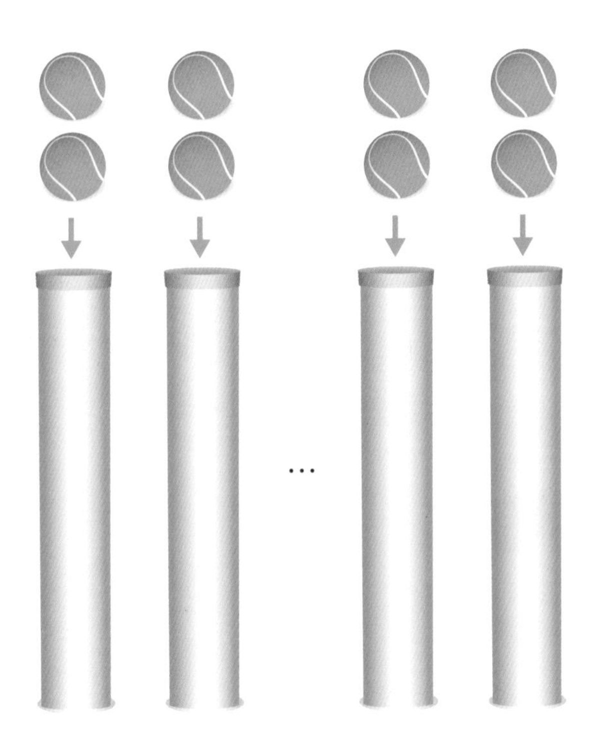

 답 144P

이상한 계산 57

같은 수인 세 자리수를 곱했더니 다음과 같은 결과가 나왔습니다. 그렇다면 333×333에 알맞은 숫자는 무엇일까요?

111 × 111 = 9

222 × 222 = 36

333 × 333 = ?

답 144P

58 어느 쪽이 이길까요?

새끼 거북, 달팽이, 고슴도치가 있습니다. 새끼 거북 3마리는 달팽이 5마리와 힘의 평행을 이룹니다.

고슴도치 1마리는 새끼 거북 2마리, 달팽이 3마리와 힘의 균형이 맞는다면 고슴도치 2마리와 새끼 거북 4마리가 달팽이 3마리, 새끼 거북 9마리와 당기기를 했을 때 어느 쪽이 이길까요?

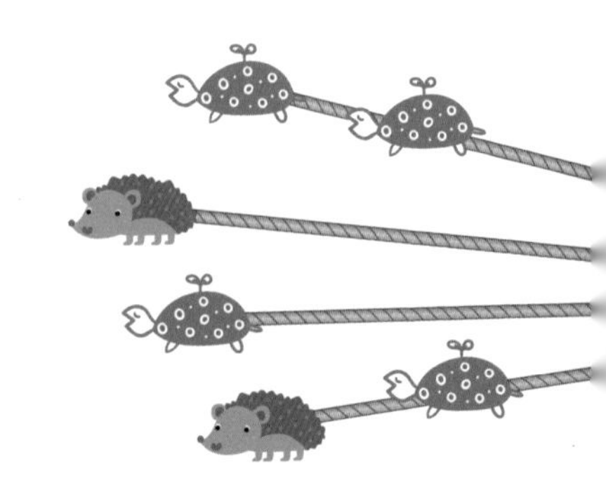

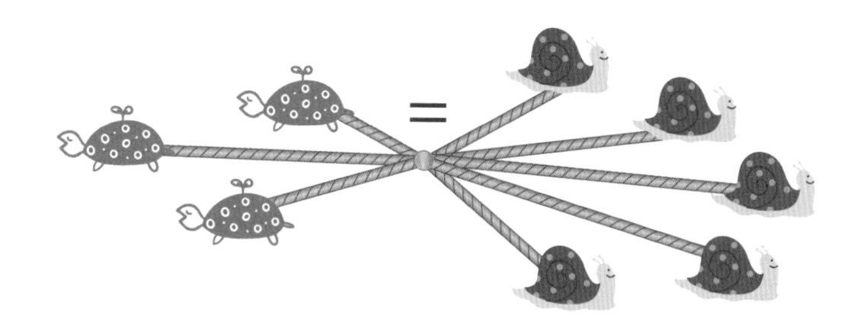

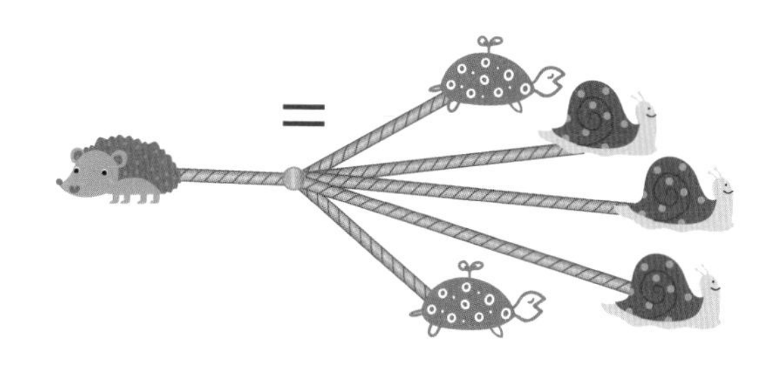

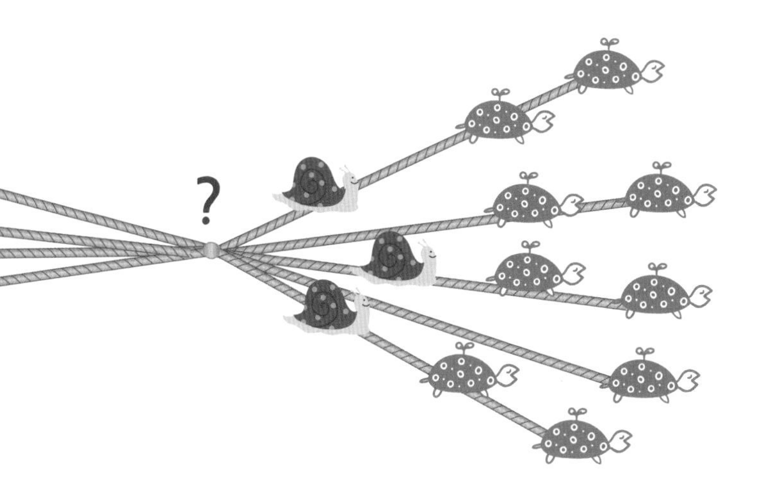

59 규칙찾기

아래 칸에서 규칙을 찾아 ?에 알맞은 숫자를 구해보세요.

4	5	8	4	11	19
12	13	9	5	7	15
6	11	2	3	?	5
2	7	8	9	3	1
5	20	14	10	16	17
1	16	19	15	12	13

답 145P

아래 칸에서 규칙을 찾아 ?에 알맞은 숫자를 구해보세요.

2	4	5	10
5	9	7	5
1	13	3	?
7	1	4	5

답 145P

61 규칙찾기

6장의 카드가 있습니다. 숫자의 규칙에 따라 놓인 이 카드에서 **?**의 숫자를 구해보세요.

답 145P

막대기로 과일 나누기 62

탁자에 놓인 모과 9개를 막대기를 이용하여 각각 1개씩 나누려 합니다. 네 개의 막대기를 사용해 모과를 나눠 보세요.

답 146P

63 하트로 채소 나누기

하트 3개를 그려넣어서 10개의 가지를 각각 1개씩 있도록 나누어보세요.

답 146P

64 타일 개수 구하기

큰 정사각형의 벽에서 대각선 방향으로 회색 타일을 붙이고 나머지는 흰색 타일을 붙이려 합니다. 두 대각선 방향으로 회색 타일을 붙여나가면 가운데에서 서로 만나게 됩니다. 그렇다면 109개의 회색 타일을 붙여 완성했을 때 흰색 타일은 몇 개 사용하게 될까요?

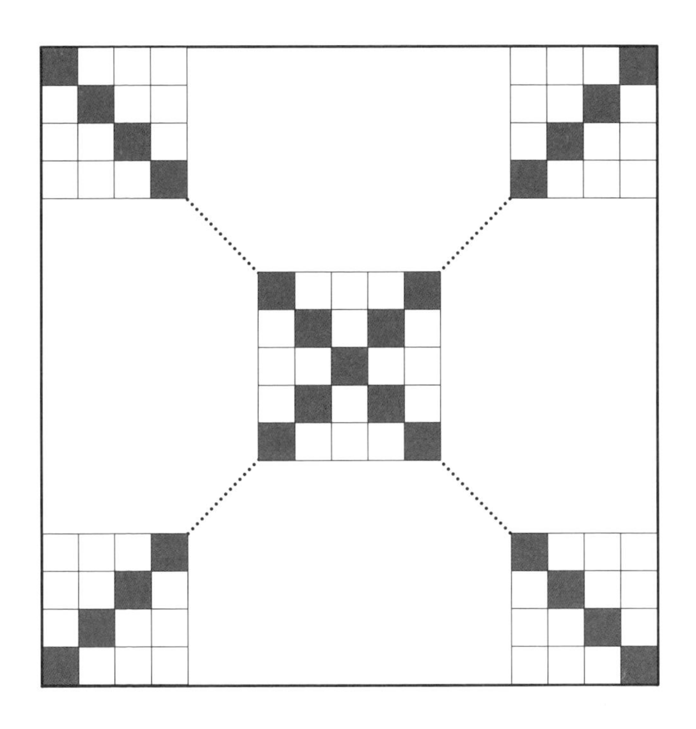

답 146P

65 종이 접기

알파벳이 적힌 종이를 뒤로 두 번 접고, 오른쪽에서 왼쪽으로 세 번씩 접으면 다섯 번 접게 됩니다. 이렇게 하면 어떤 알파벳이 맨 앞에 나올까요?

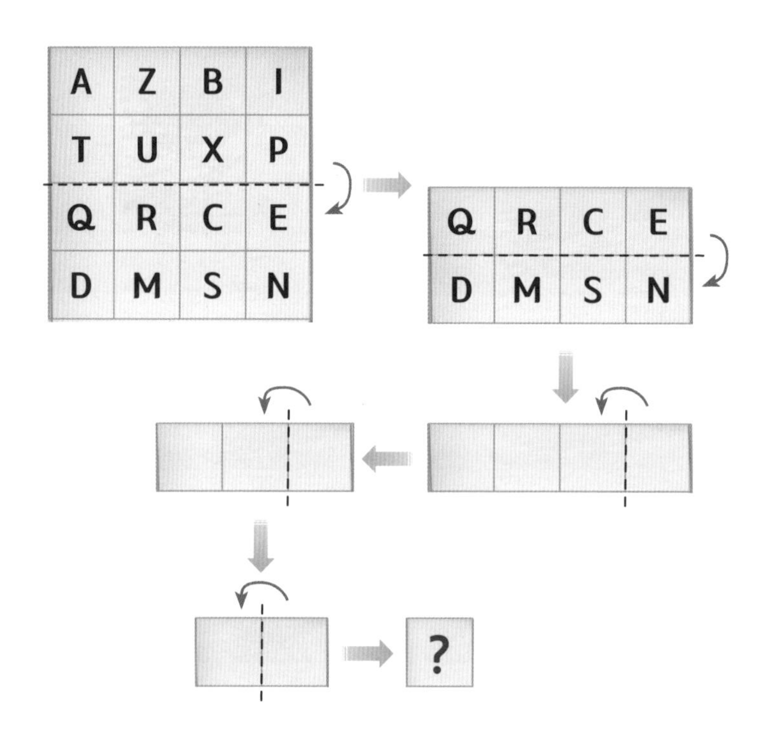

 답 146P

넓이가 같은 7개의 원이 붙어 있습니다. 한 개의 직선을 그어서 두 부분으로 나누어 보세요.

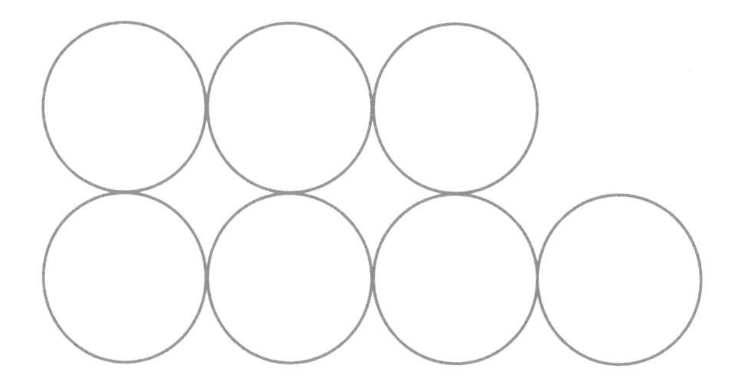

답 146P

67 성냥 퀴즈

성냥 30개로 다음 그림처럼 여러 개의 삼각형을 만들었습니다. 여기서 12개의 성냥을 빼면 5개의 삼각형을 찾을 수 있게 만들어집니다. 어떻게 하면 될까요?

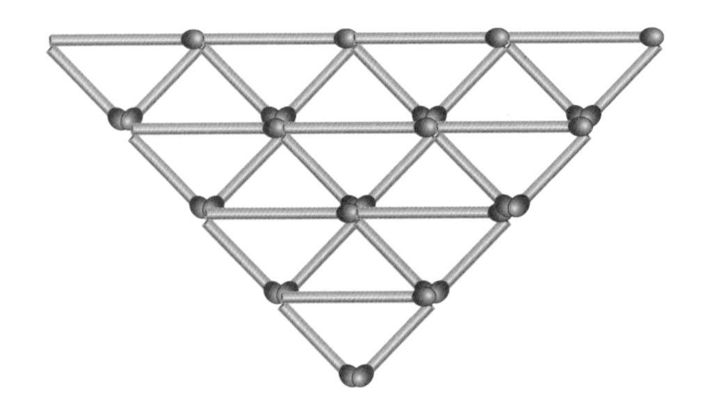

 답 147P

정사각형 만들기 68

가로의 길이가 세로의 길이의 2배인 직사각형 모양의 종이를 대각선으로 자르면 합동인 직각삼각형 모양의 종이가 2장이 됩니다. 이 직각삼각형 종이를 5장 준비한 후, 1장의 직각삼각형 종이만 한 번 더 자르면, 6장의 조각이 됩니다. 이 조각들로 정사각형을 만들 수 있을까요? 완성되었다면 그림으로 나타내 보세요.

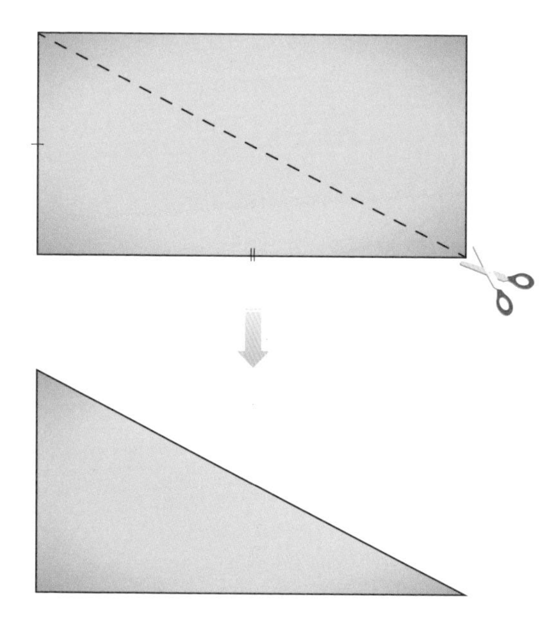

답 147P

69 마방진

가로와 세로, 대각선의 합이 같은 수가 되도록 마방진을 완성해보세요. 단 가로와 세로, 대각선의 합은 10 이상 20 미만의 수입니다.

?	3	?
2	?	8
?	7	2.5

 답 147P

마지막 톱니바퀴가 도는 방향을 알아보세요.

답 147P

71 물고기 모양 조각 찾기

아래 그림에서 4조각으로 된 물고기 모양은 어디 있는지 찾아보세요.

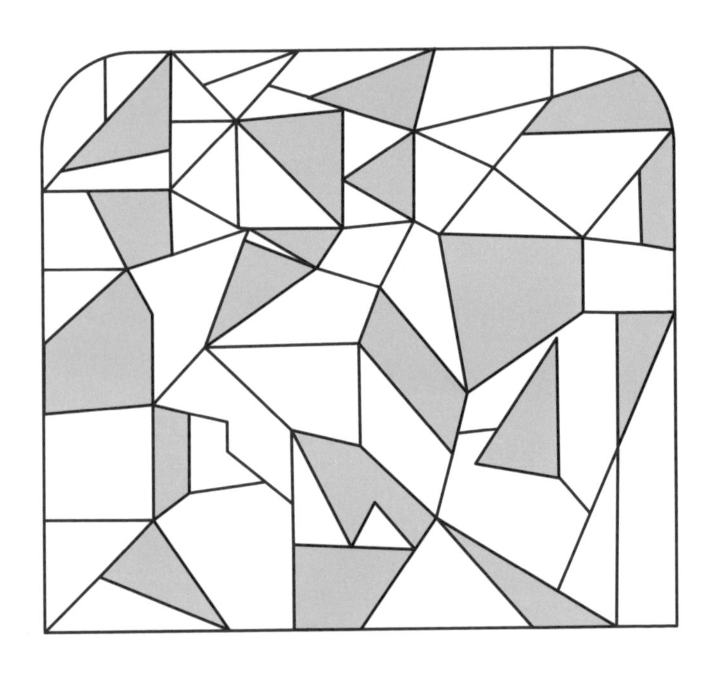

 답 148P

아래 숫자를 보면 숫자가 행을 이루는 것을 볼 수 있습니다. 보기에 따라 이 숫자는 구성이 복잡할 수도 있고 단순할 수도 있습니다. **?**에 알맞은 숫자는 무엇일까요?

$$21+21+21+21+21$$

$$21+21+21+21+21$$

$$21+21+21\times10= ?$$

답 148P

73 도형 패턴

각 줄 사이의 규칙을 찾아 네 번째 단계인 **?**에 알맞은 도형들의 집합을 그려보세요.

?

?에 알맞은 숫자를 써 넣어보세요.

13 1 13 5 10 0 9 4 2 ? …

답 148P

75 숫자 맞추기

조금은 복잡할 지도 모르는 수에 관한 문제를 풀어보겠습니다. 여러분의 감각에 따라 빨리 풀 수도 있고, 오래 걸릴 수도 있습니다.

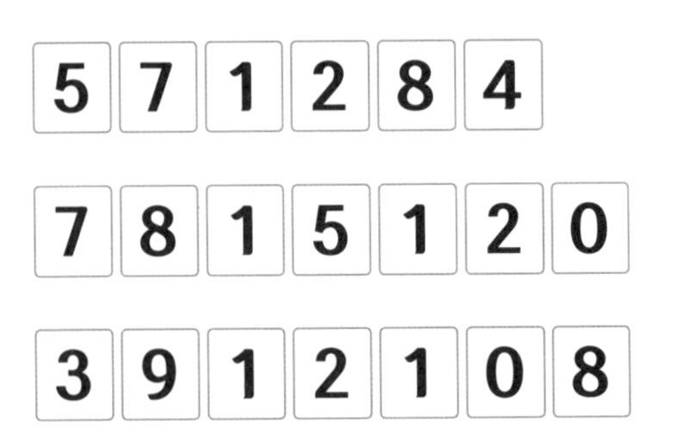

여러분이 이 숫자에 관한 규칙을 안다면 다음에 알맞은 숫자는 무엇일까요?

6 7 ? ? ? ?

 답 148P

디지털 전광판에 아래 숫자와 영문자가 있습니다. 읽어 보니 65, □, 55, E5, 15입니다. 이것은 무슨 순서가 있는 것 같기도 합니다. 그러면 빈 칸에는 어떤 문자 또는 숫자가 들어갈까요?

답 148P

77 도형의 특성 찾기

제시된 도형 중에서 특성이 나머지 넷과 다른 하나를 찾아보세요.

①
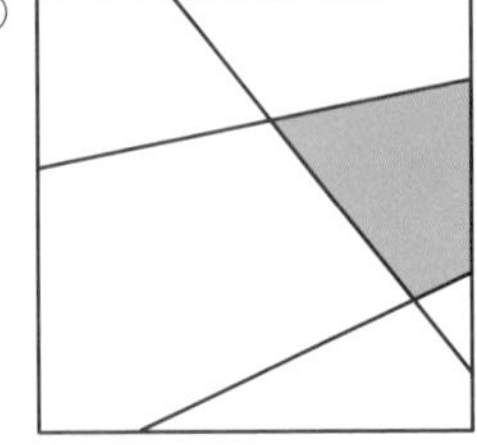

②
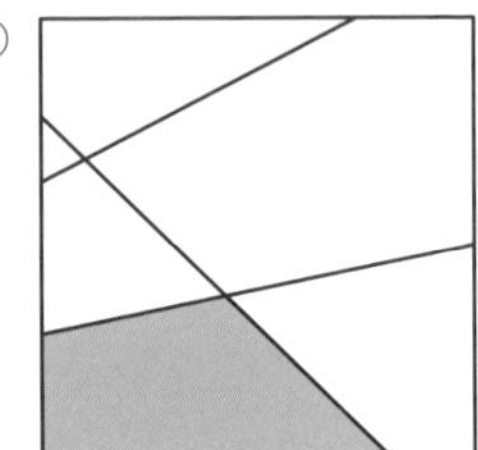

③
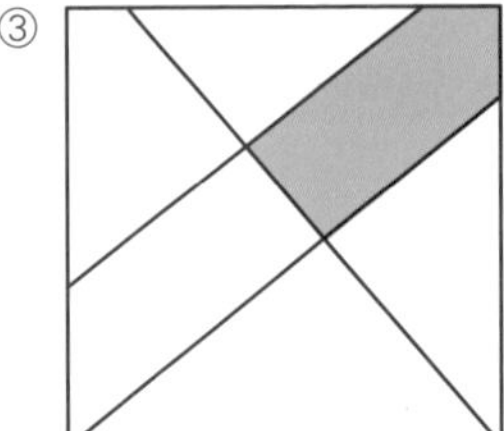

④
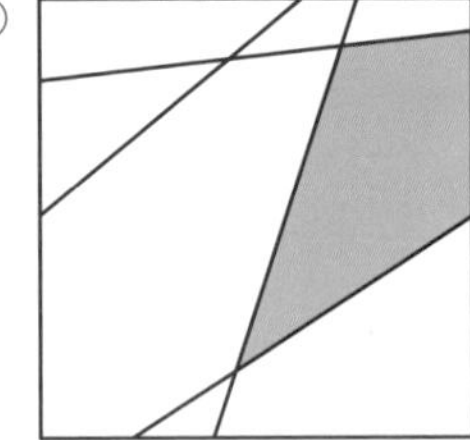

⑤
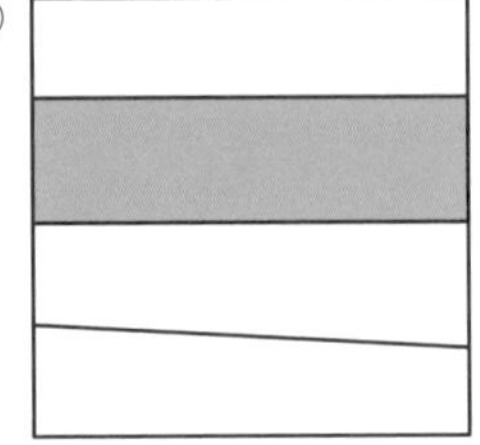

답 149P

치즈 모양의 도형 사이에 새앙쥐가 있습니다. 각 번호마다 두 도형 사이의 관계를 찾은 뒤 나머지 넷과 다른 번호를 골라보세요.

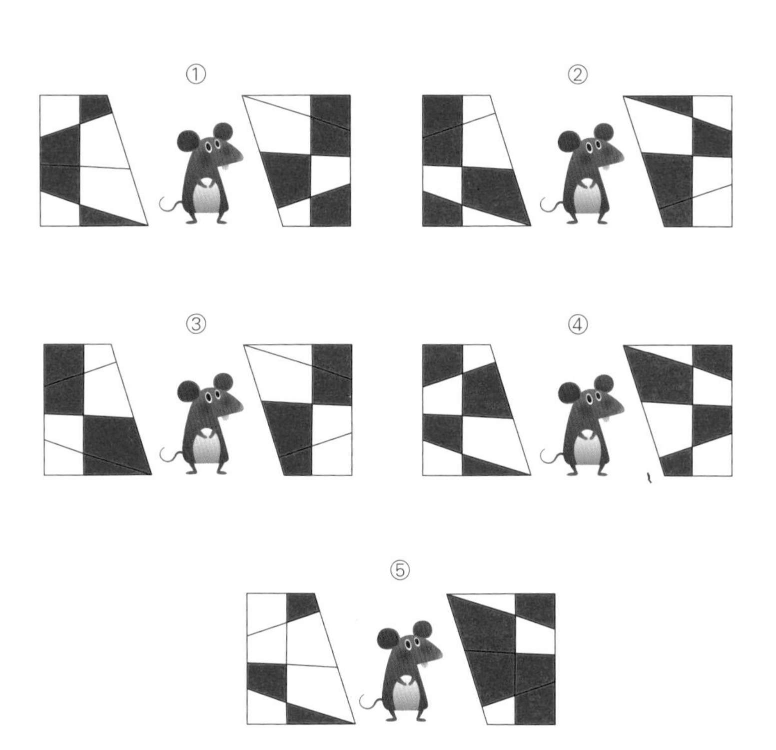

답 149P

79 수열

아래 그림처럼 공을 배열하면 130번째 공은 어떤 색이 될까요? 단 는 분홍색, 는 파란색으로 명명합니다.

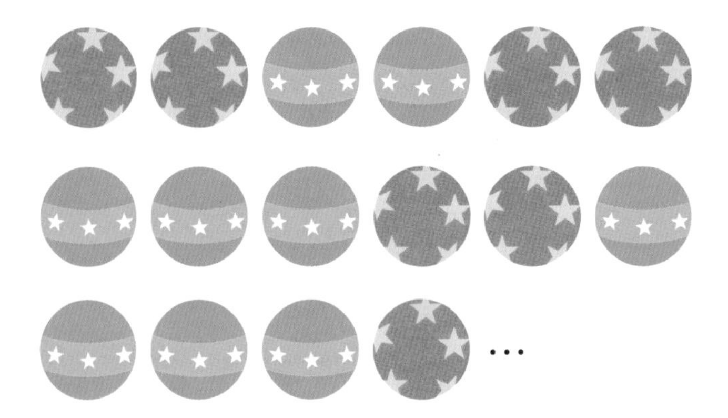

답 149P

D 고등학교는 2000명의 학생들에게 차례로 번호를 부여해 9개의 조로 편성한 뒤 줄을 세우려고 합니다. 지그재그로 전부 세웠을 때, 마지막 번호의 학생은 몇 조에 속하게 되나요?

1조	2조	3조	4조	5조	6조	7조	8조	9조
1	2	3	4	5	6	7	8	9
16	15	14	13	12	11	10		
		17	18	19	20	21	22	23
30	29	28	27	26	25	24		
		31	32	33	34	35	36	37
⋮	⋮	⋮	⋮	⋮	⋮	⋮	⋮	⋮

답 149P

81 숫자 규칙

숫자가 써 있는 수족관에서 상어가 놀고 있습니다. **?**에 알맞은 수를 구해보세요.

1	5	34	2	67	89
24					12
6					3
53					4
98					57
?	123	4	5	89	6

답 149P

아래 한자를 보고, 배열이 다른 하나를 찾아보세요.

①	一	二	大	水
②	冫	亅	工	止
③	小	屮	匕	丶
④	日	寸	冂	乙
⑤	丿	土	力	立

답 149P

83 수열

용이 하늘을 날다가 5개의 여의주를 강물에 떨어뜨렸습니다. 여의주마다 숫자가 써 있는데, 한 개의 여의주에 쓰인 숫자는 보이지 않습니다. 그 숫자를 보기중에 고르세요.

① 112 ② 200 ③ 203 ④ 411 ⑤ 203

여덟 번 이동하여 열쇠가 있는 곳에 도달하려고 합니다. 어느 부분에서 시작하면 될까요?(설명 예를 참조하세요.)

설명 예

3R : 오른쪽으로 3칸 움직입니다.

2L : 왼쪽으로 2칸 움직입니다.

4U : 위칸으로 4칸 움직입니다.

2D : 아래로 2칸 움직입니다.

1D	1R	2L
2R	1D	2R
1U	2U	2D

3D	3R	2L
2R	(열쇠)	1R
3U	2U	1R

1L	2R	5L
2U	3L	1R
2R	3L	2L

답 150P

85 칸 나누기

아래 36개의 칸이 있습니다. 이 칸들을 A, B, C, D가 1개씩 포함하도록 4등분해보세요(단 차지하는 칸은 모두 동일하고, 빈 칸은 없어야 합니다).

	B				B
		D		A	
A	C		C	D	
B			C		
		A	D	D	
A			B	C	

 답 150P

노란 점끼리 빨간 선으로 연결하여 루프 링크[Loop Link]를 완성하려고 합니다. 숫자 주변은 빨간 선의 개수입니다. 선을 연결하여 루프 링크를 완성하세요.

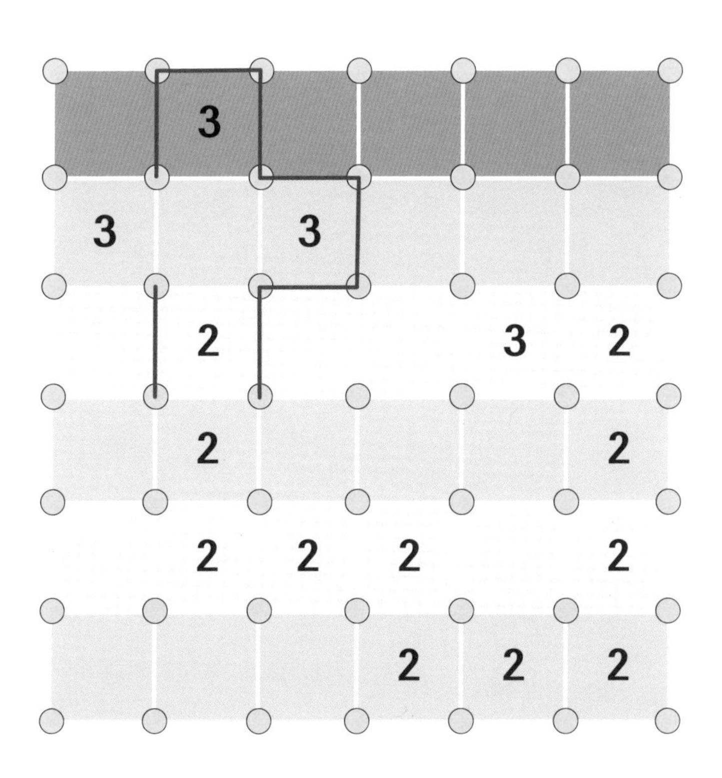

답 150P

87 스도쿠 퍼즐

행 또는 열에 부등호에 따라 1부터 6까지의 숫자를 한 번씩만 사용하여 알맞게 넣어보세요.

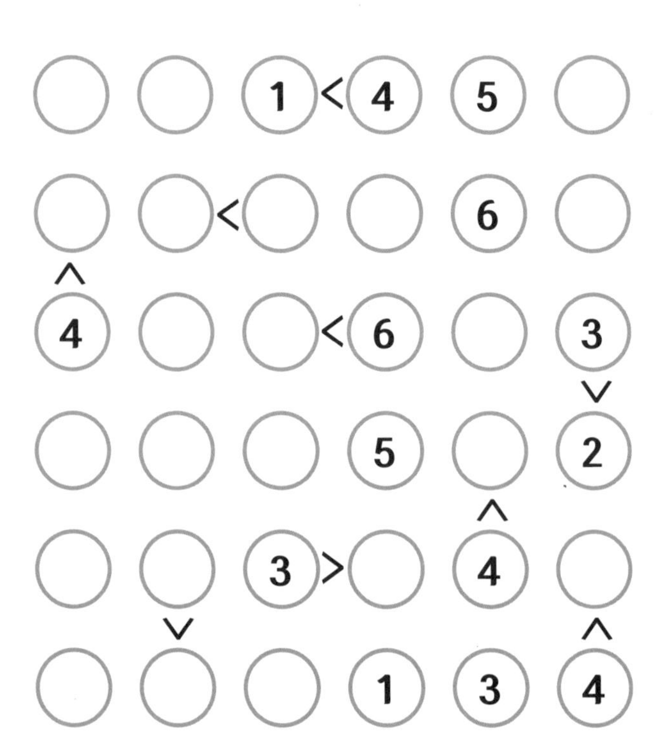

답 150P

핵과 위성 88

한 가운데의 주황색 핵과 파란색, 초록색 위성은 숫자의 조화를 이룹니다. ?에 알맞은 숫자를 구해보세요.

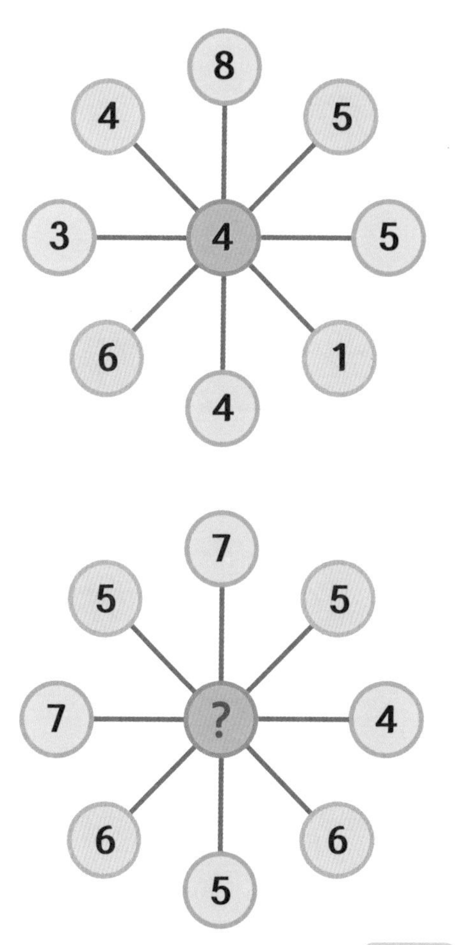

답 151P

89 도형 나누기

똑같은 모양의 도형이 세 개가 되게끔 선분을 그어보세요.

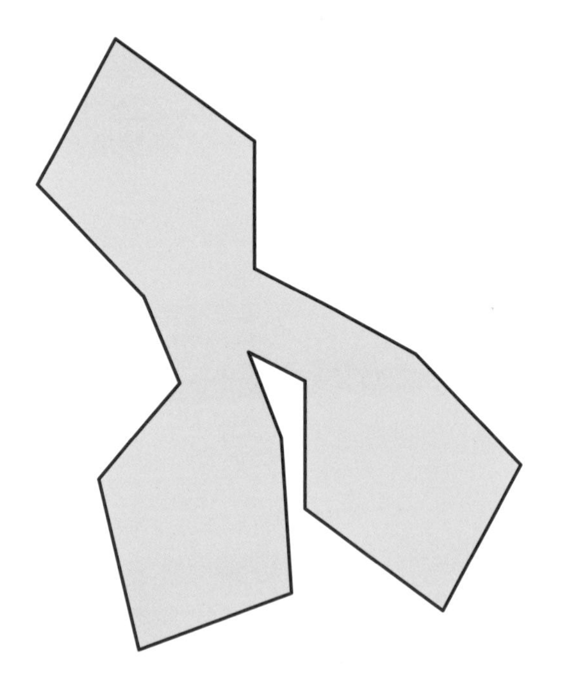

 답 151P

아래 계산식에는 어떤 규칙이 있습니다.

규칙을 찾아 12345678×9+9를 계산하세요.

$$1 \times 9 + 2 = 11$$

$$12 \times 9 + 3 = 111$$

$$123 \times 9 + 4 = 1111$$

$$12345678 \times 9 + 9 = ?$$

답 151P

91 접어서 자른 모양 알아내기

색종이를 세 번 접은 후 직각삼각형 모양으로 2번 자르면 어떤 모양이 나오는지 오른쪽 보기에서 고르세요.

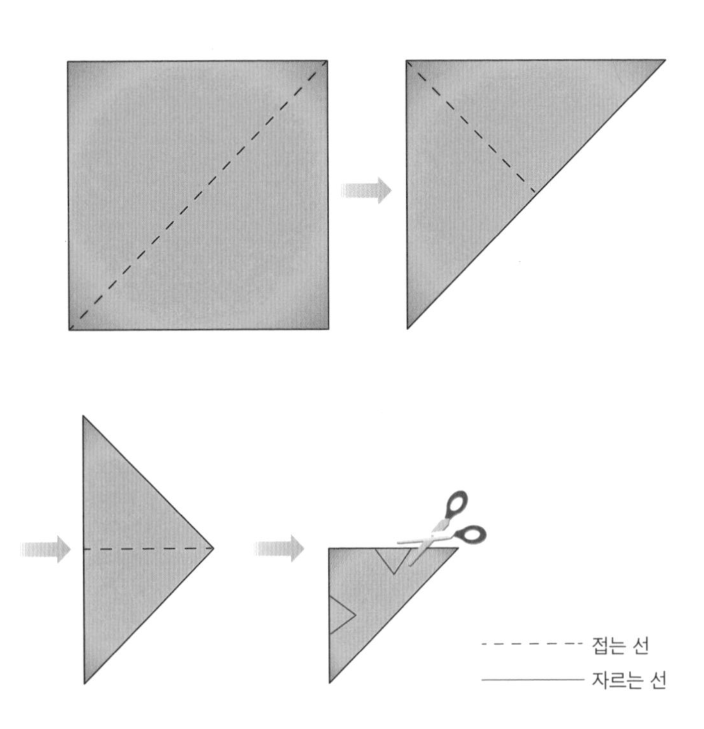

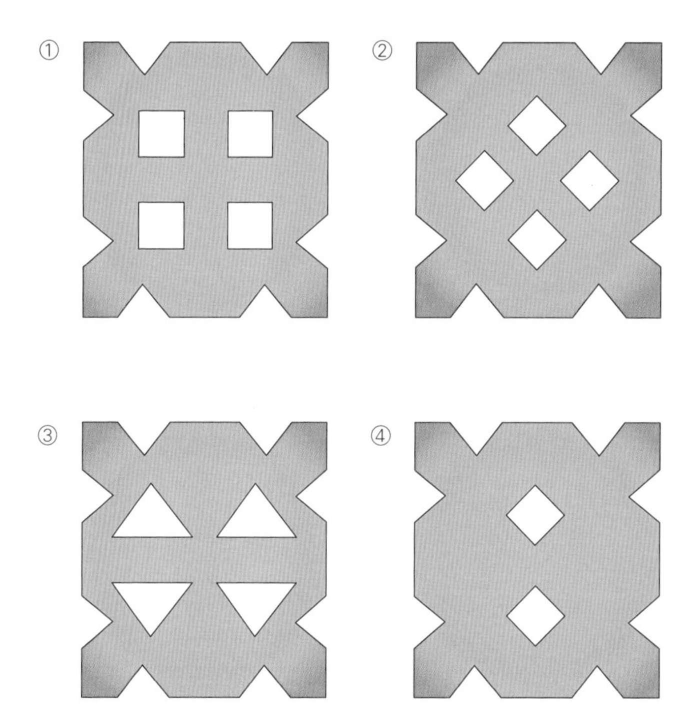

답 151P

92 숨겨진 문양 찾기

아래 그림에 보기의 문양은 몇 개가 숨겨져 있을까요? 개수를 구해보세요(단 문양은 돌리거나 뒤집을 수 있습니다).

보기

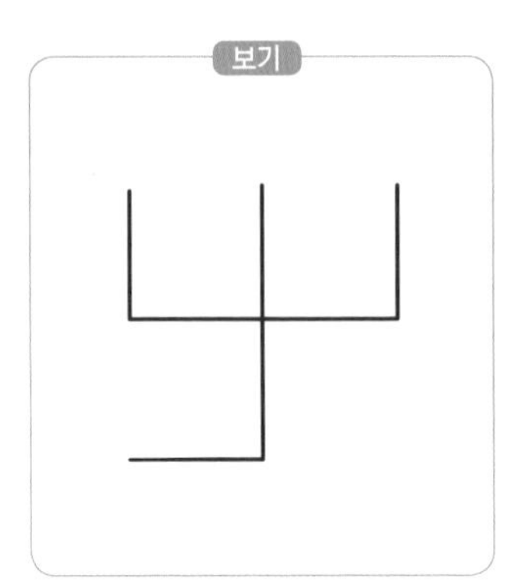

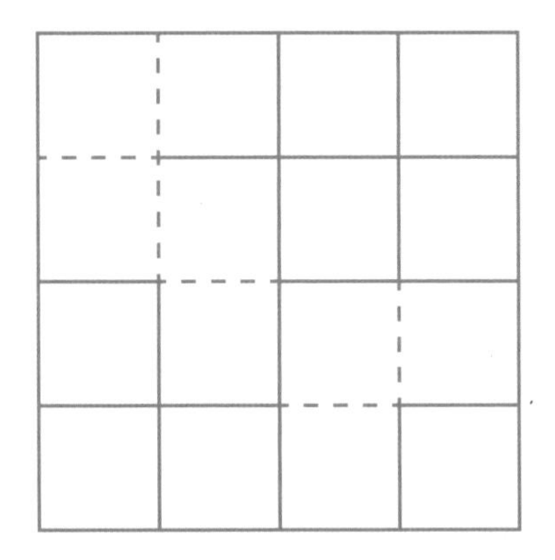

바람개비 모양의 도형 속 녹색 칸과 흰색 칸의 숫자 간에는 어떤 규칙이 있습니다. **?**에 알맞은 숫자를 구해보세요.

<table>
<tr><td></td><td>12</td><td></td><td></td><td></td></tr>
<tr><td></td><td>18</td><td>3</td><td>2</td><td>?</td></tr>
<tr><td></td><td>5</td><td></td><td>28</td><td></td></tr>
<tr><td>36</td><td>10</td><td>14</td><td>7</td><td></td></tr>
<tr><td></td><td></td><td></td><td>20</td><td></td></tr>
</table>

답 151P

94 그림의 종류

다음 전구들은 모두 같아 보이지만 잘 살펴보면 몇 종류로 분류할 수 있습니다. 과연 전구들은 몇 종류의 전구로 구성되어 있을까요? 구해보세요.

 답 152P

A식물원에서 오늘 견학한 관광객들에게 선인장 화분 19개를 나누어주려고 합니다. 관광객이 원하는 만큼 화분을 가져갈 수 있습니다. 그렇다면 홀수 개의 화분을 갖는 관광객은 홀수 명일까요? 아니면 짝수 명일까요? 단 관광객은 19명을 넘지 않습니다.

답 152P

96 공통점 찾기

여러 도형이 서로 겹쳐져 있습니다. **?** 안에 알맞은 숫자를 구해보세요.

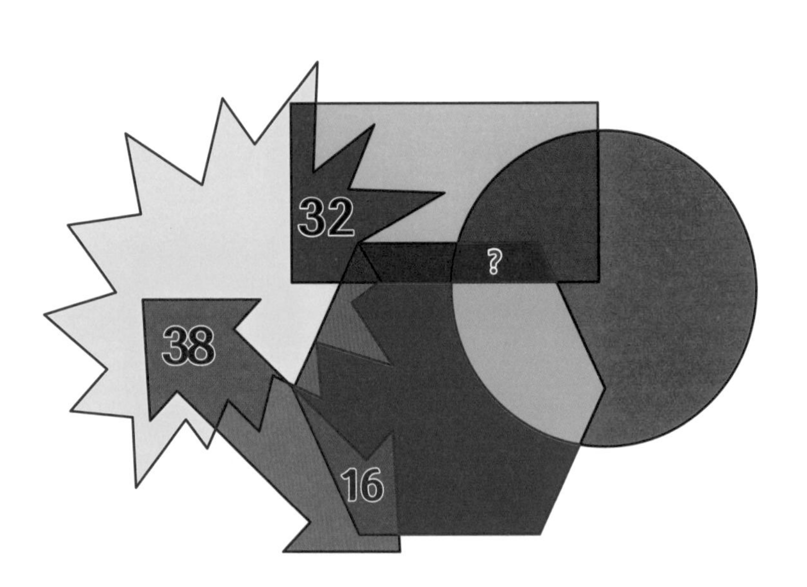

 답 152P

? 에 알맞은 문양은 무엇일까요?

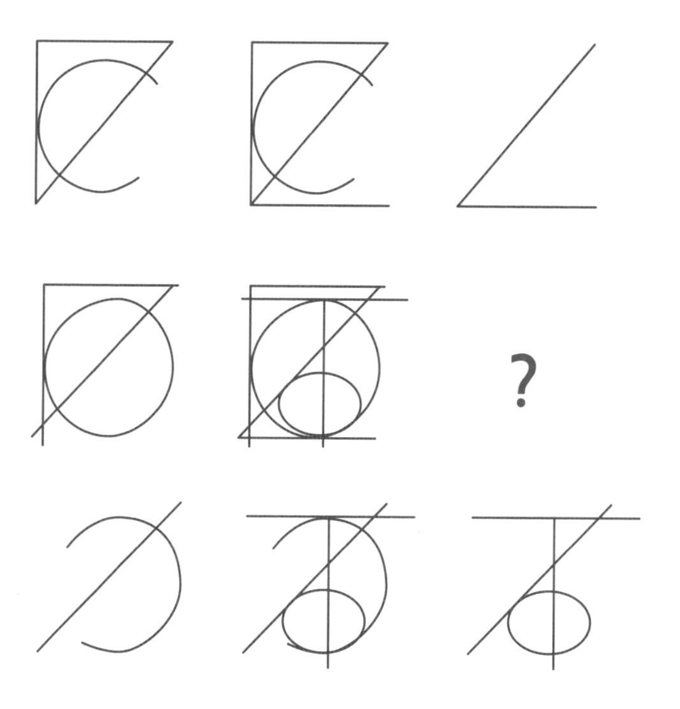

답 152P

98 아파트 거주 문제

5층 아파트의 각 층마다 A, B, C, D, E가 살고 있습니다. 아래 문장을 읽고, 각 층에 사는 사람을 찾아보세요.

- B는 2층과 5층에는 살지 않습니다.
- A 바로 아래에 C가 삽니다.
- D 바로 위에 E가 삽니다.
- C는 2층에 살지 않습니다.

 답 153P

남은 쌓기나무의 수 구하기 99

아래 그림처럼 보이는 세 면에만 검은색을 칠한 뒤 검은 색이 한 면이라도 칠해진 부분을 빼내면 몇 개의 쌓기나무가 남을까요?

답 153P

100 도형 개수 찾기

그림에서 삼각형을 모두 찾아보세요.

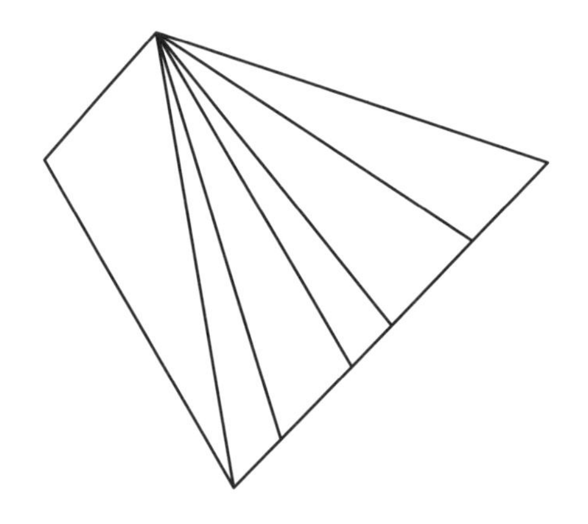

답 153P

22개의 사탕을 7개의 묶음으로 나누려고 합니다. 묶음 안의 개수를 모두 다르게 할 수 있을까요?

답 154P

102 숫자와 영문자의 개수

숫자와 영문자는 모두 몇 개인가요?

 답 154P

아래의 입체도형으로 만든 모형을 전등으로 비추면 그림자와 같은 모양이 됩니다. 입체도형의 어느 방향에 전등을 비춘 모양 일까요?

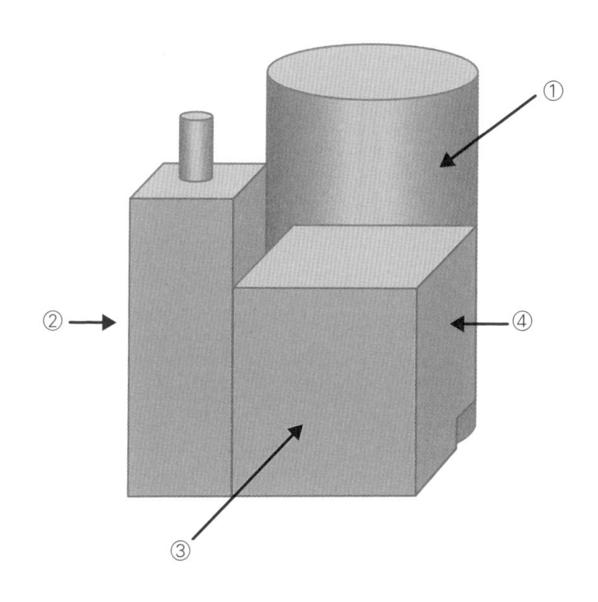

답 154P

104 도형 판 나누기

마름모 모양의 판에 36개의 숫자가 나열되어 있습니다. 그 숫자는 1부터 9까지이며 여러 번 사용했습니다. 4등분으로 나누어 합이 30이 되도록 선을 그어 보세요.

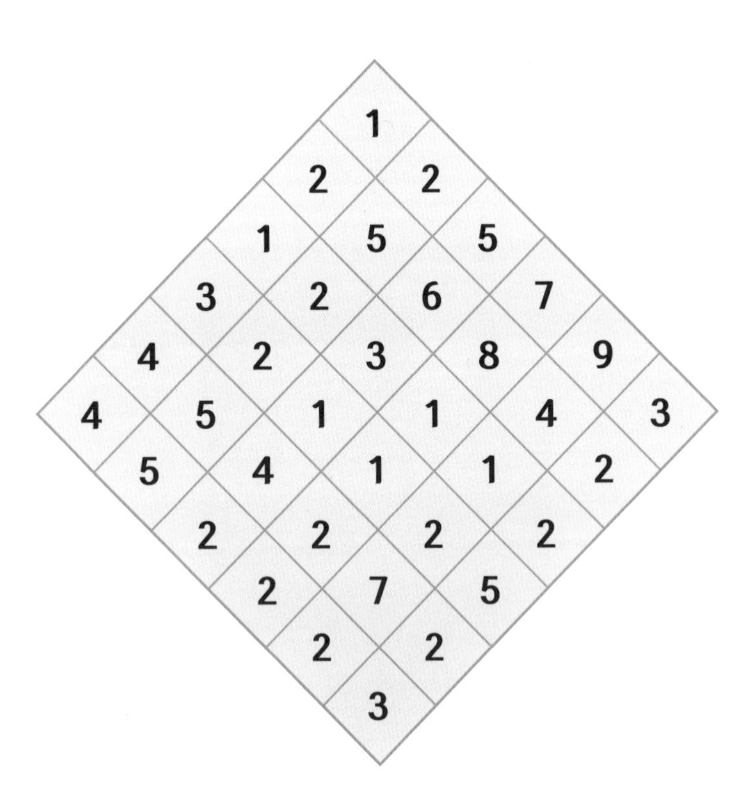

 답 154P

다음과 같이 앞, 옆, 뒤의 어느 방향에서 보아도 항상 같은 모양이 되려면 몇 개의 연결큐브 또는 쌓기나무로 만들어야 할까요?

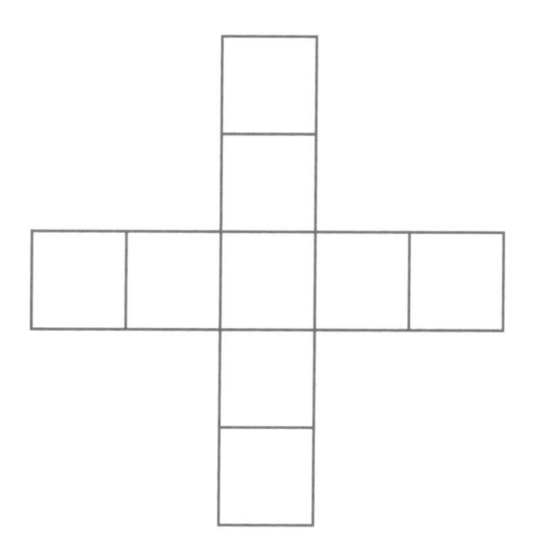

답 154P

106 네 가지 무늬

트럼프는 조커 2장과 각각 13장의 하트(♥), 스페이드(♠), 클로버(♣), 다이아몬드(♦)로 구성되어 총 54장으로 이루어져 있습니다. 조커 2장을 빼면 네 가지 무늬 52장의 카드가 남습니다. 카드를 섞은 후 네 가지 무늬가 다 나오게 해볼 것입니다. 그렇다면 몇 장의 카드를 뽑아야 네 가지 무늬가 가장 늦게 나올까요?

 답 154P

주사위의 눈과 칩의 숫자 관계

주사위의 보이는 면의 숫자에 따라 칩의 숫자는 결정됩니다. ?에 알맞은 숫자를 구해보세요.

108 숫자 놀이

아래 모양에 알맞은 숫자를 구해보세요.

★ = ☐

♥ = ☐

▼ = ☐

 답 155P

숫자 규칙 109

숫자 카드가 일정한 규칙으로 나열되어 있습니다. **?**에 알맞은 숫자는 무엇인지 순서대로 써넣으세요.

11	15	20	17	41	22
27	32	31	?	53	32
16	17	11	18	?	10

답 155P

110 암호 연산

연산 기호를 잘 파악한 후 문제를 풀어보세요.

↑28↓◀5=11

↑7210↓◀↑5712↓=36

↑12357↓◀↑724↓=ERROR

↑3526↓◀↑1221↓◀↑3113↓=?

문어를 포함하지 않는 삼각형은 모두 몇 개인지 구해 보세요.

답 155P

112 배열판 그림 배치

배열판 밖의 숫자는 열차, 벤치, 풍선이 차지하는 칸을 나타낸 것입니다. 칸 밖의 숫자를 보고 2개의 열차와 6개의 벤치, 5개의 풍선을 배치해보세요.

4 1	1 3	1 2	4 2	2 2 1	7	2 1 1	
							4
							7
							111
							2 4
							2 2
							3 1
							1 5

도형과 숫자의 관계 113

아래는 가로가 3칸, 세로가 4칸인 표입니다. **?**에 알맞은 숫자를 구해보세요.

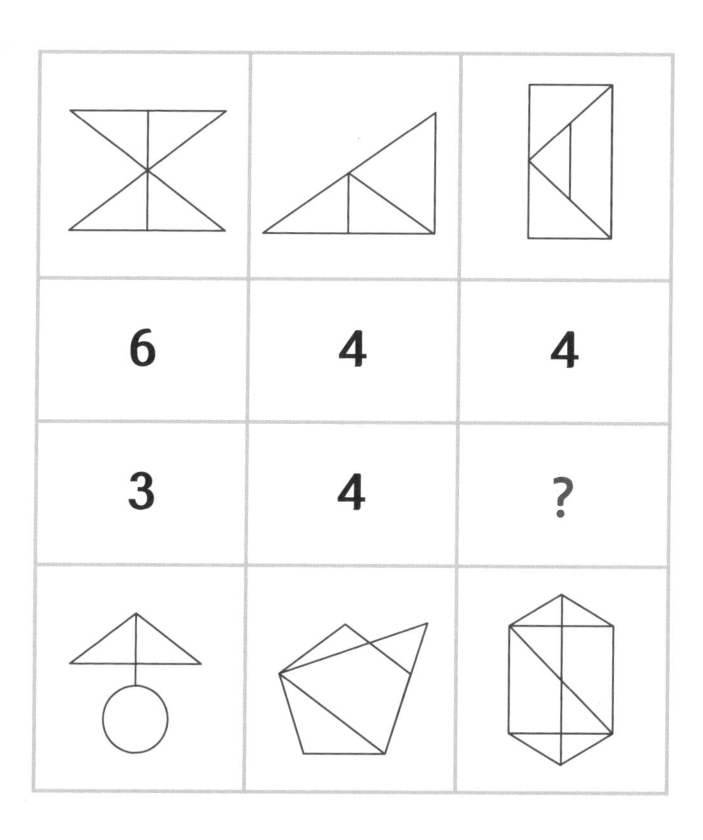

답 156P

114 바둑알 패턴

바둑알을 아래처럼 계속 놓는다면 100개의 바둑알을 놓았을 때 몇 개의 흰 돌을 놓게 될까요?

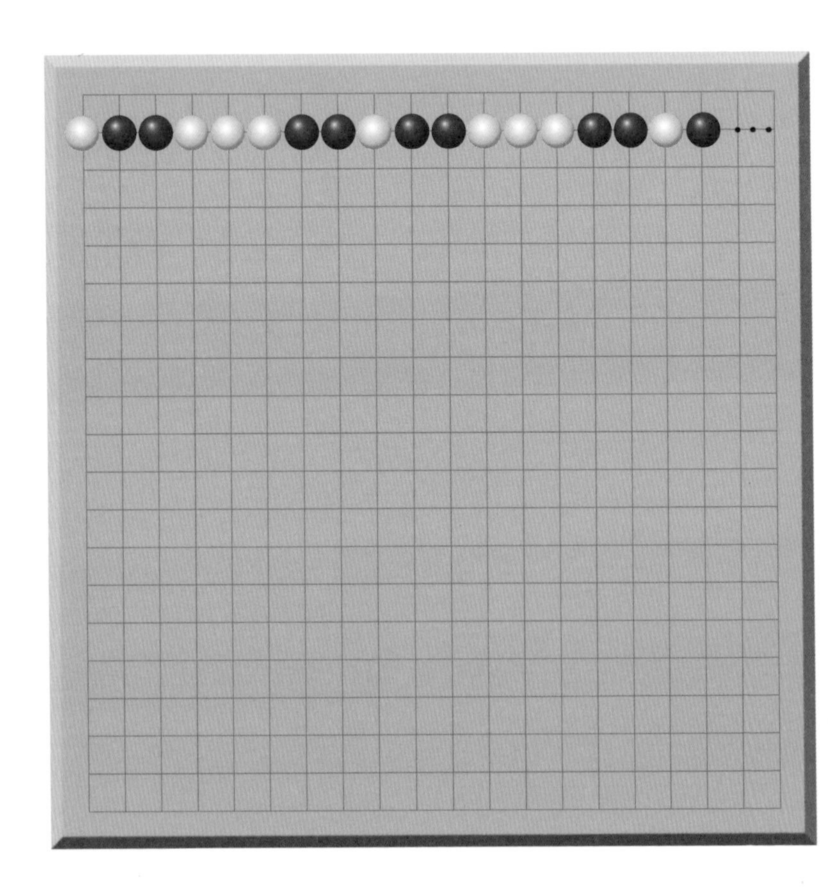

 답 156P

다음과 같은 직육면체가 있습니다. 이 직육면체를 자른 단면이 육각형이 되도록 그림에 선을 그어보세요.

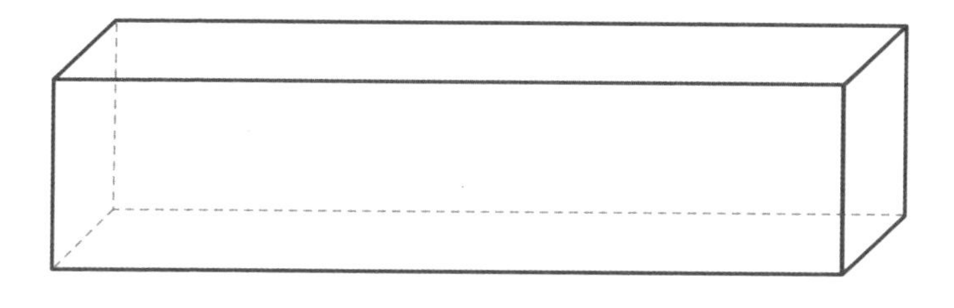

답 156P

116 원판 안의 숫자와 상징

숫자와 손가락의 관계에 따라 원판 안에 들어갈 숫자를 구해보세요.

 답 156P

아래의 벽돌 조각을 적어도 1번 이상 사용하여 모두 5개 사용하면 보기가 완성됩니다. 두 번 사용한 벽돌 조각을 찾아보세요(단 벽돌 조각을 돌리거나 뒤집어도 됩니다).

답 156P

118 미스테리 암호

유강호 탐정은 아래 암호문을 보고 규칙을 찾아 암호문을 해독했더니 결국 사건이 해결되었습니다. **?**에 와야 할 숫자를 구해보세요.

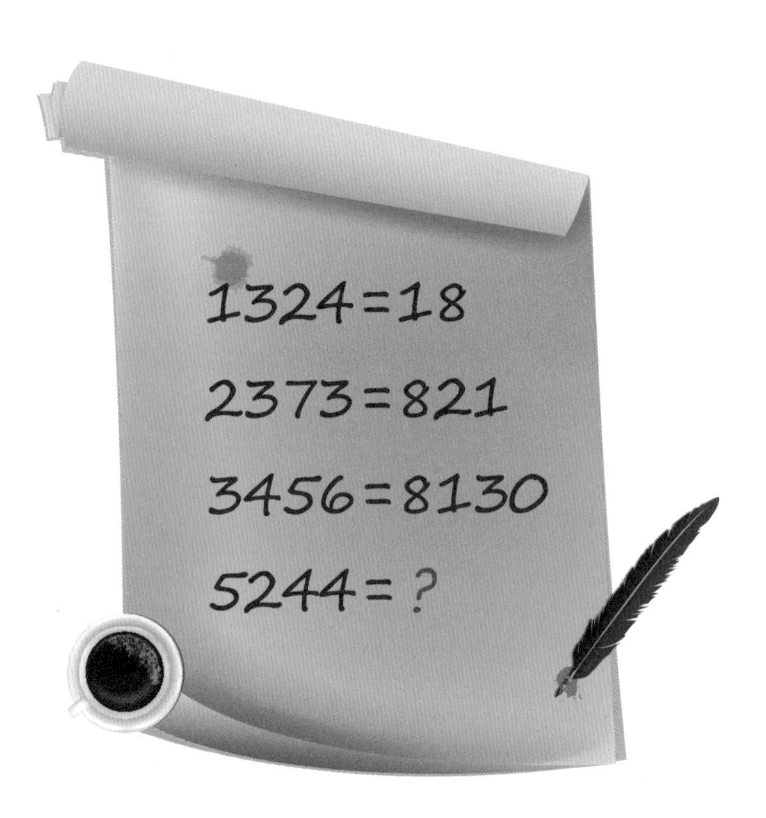

도형의 패턴을 찾아 5번째에 들어갈 모양을 보기에서 골라보세요.

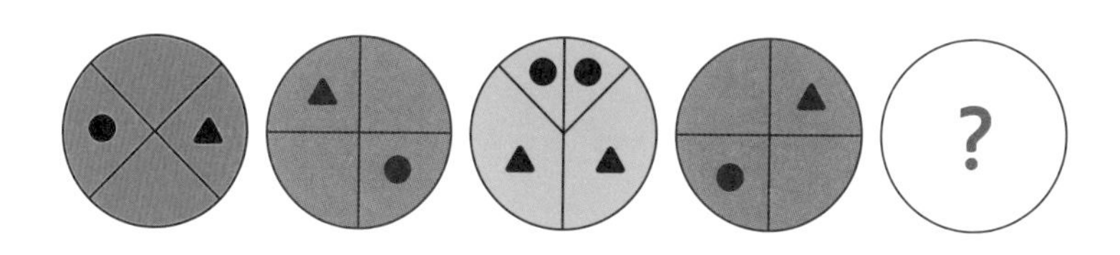

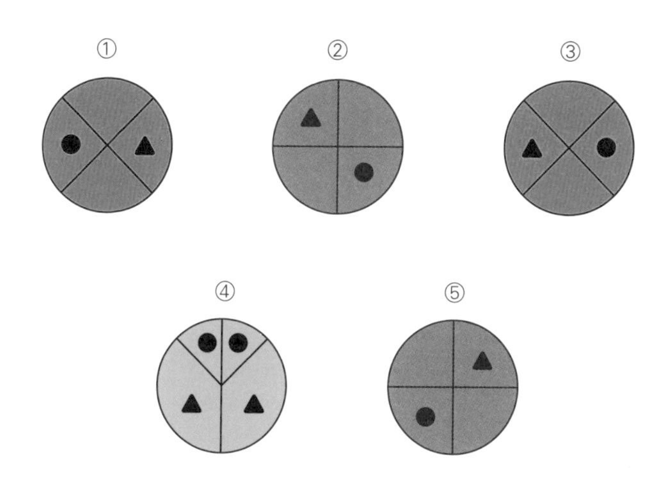

답 157P

120 숫자 맞추기

아래 그림은 16개의 칸으로 구성되어 있습니다. 그리고 분홍색, 초록색, 노란색, 주황색, 회색의 5가지 색으로 칠해져 있습니다. 칸 밖에는 각각 상징하는 숫자가 있으며 이 숫자들은 규칙에 따라 구한 것입니다. 회색에 알맞은 숫자를 구해보세요.

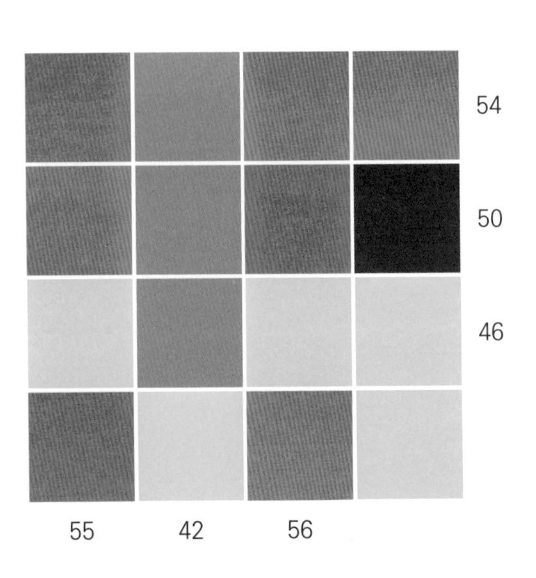

 답 157P

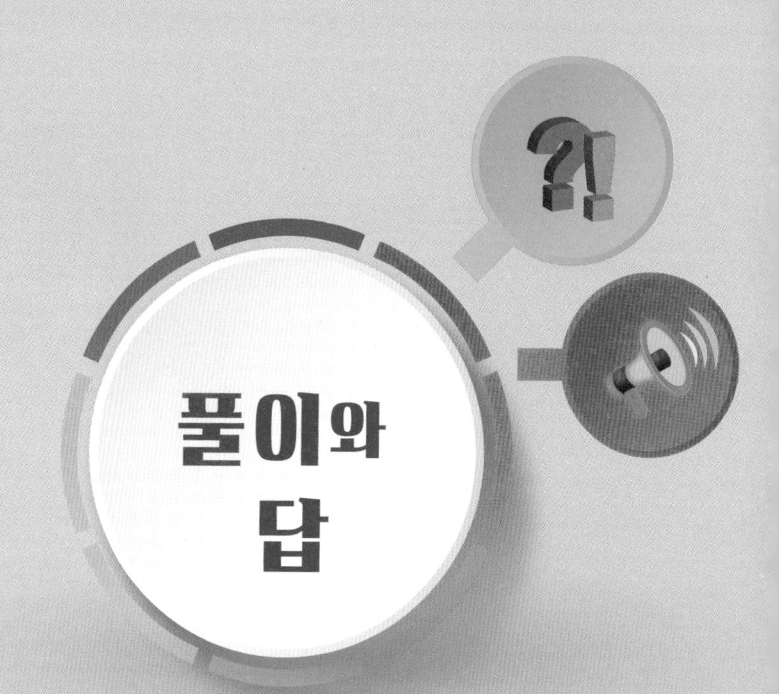
풀이와
답

문제 1

답 ⑤번

문제 2

풀이 ①, ②, ④, ⑤는 같은 도형을 회전한 것이고 ③은 분홍색이 하나 더 칠해진 것을 회전한 것입니다.

답 ③번

문제 3

풀이 현재 6개의 쌓기나무가 있습니다. 가로 3개, 세로 3개, 높이 3개의 쌓기나무(총 27개)를 만들기 위해서는 27−6=21개의 쌓기나무가 더 필요합니다.

답 21개

문제 4

답

예1

1	3	17
11	8	2
9	10	2

예2

1	11	17
19	8	2
9	10	10

답은 여러 가지가 입니다.

문제 5

답

문제 6

풀이 노란색의 숫자와 초록색의 숫자, 빨간색의 숫자의 합에서 파란색의 숫자를 빼면 1이 됩니다. 이에 따라 첫 번째 수건에서

$$\frac{1}{2}+\frac{1}{3}+\frac{1}{4}-\frac{1}{12}=1$$

세 번째 수건에서는 3+3+6−**?**=1이 됩니다. 따라서 **?**=11입니다.

답 11

문제 7

풀이 1의 개수에 따라 오른쪽 숫자를 알 수 있습니다. 1113은 1이 3개이므로 3이며 2720은 1이 없으므로 0입니다. 따라서 17172는 1이 2개이므로 2가 됩니다.

답 2

문제 8

풀이 T의 개수에 따라 오른쪽 숫자를 알 수 있습니다. 다섯 번째 물음은 T가 1개이므로 1입니다.

답 1

문제 9

풀이 15부터 시계방향으로 한 칸 건너띄어 1이 줄어들어 14가 됩니다. 그 다음으로 2가 줄어들어 12, 그 다음은 3이 줄어들어 9가 되며, 4가 줄어들어 5, 5가 줄어들어 0이 되고, 빈 칸에는 6이 줄어들어 −6이 됩니다.

답 −6

문제 10

풀이 맨 위의 마름모에서 24를 중심으로 시계방향으로 4,1,7,1이 보입니다. 41−17=24입니다. 두 번째 마름모는 25−11=14입니다. 따라서 문제에서 31−10=21입니다.

답 21

문제 11

풀이 항아리의 개수는 27개입니다. 항아리 안의 개구리는 9마리이며, 그중에서 파리를 잡아먹는 순간의 개구리는 4마리입니다. 따라서 항아리 안의 개구리는 $\frac{9}{27}=\frac{1}{3}$, 개구리 중에서 파리를 잡아먹는 순간의 개구리는 4마리이므로 $\frac{4}{9}$ 입니다.

답 $\frac{1}{3}$, $\frac{4}{9}$

문제 12

풀이 맨아래를 1층, 맨 위를 5층으로 하면 5층은 24개, 4층은 12개, 3층은 16개, 2층은 24개, 1층은 24개입니다. 따라서 24+12+16+24+24=100개가 됩니다.

답 100개

문제 13

답 ACERU

문제 14

풀이

조정키의 노란 부분을 보면 10, 5와 2가 있는 것을 알 수 있습니다. 여기서 10÷5=2입니다. 즉 10과 5를 나눈 수는 원의 중심 건너편에 2라는 숫자가 있는 것입니다. 초록 부분을 봐도 10÷2=5라는 것을 알 수 있습니다. 큰 수에서 작은 수를 나눈 것이 원의 중심 건너편에 있는 것을 안다면 56÷8=7이라는 것도 알 수 있습니다.

답 7

문제 15

풀이 철도판을 두 개씩 끊어 생각하면 됩니다.

65−23=42, 55−21=34,

28−10=18, 60−50=10

답 1, 0

문제 16

풀이

마주닿은 숫자의 합을 3으로 나누면 아래 숫자가 됩니다. 파란색 10에서 연두색 11을 더한 후 3으로 나누면 빨간색 7이 됩니다. 이와 같은 방법으로 (25+8)÷3=11

답 11

문제 17

풀이 맨 아래 왼쪽의 숫자 101은 바로 위의 숫자와 바로 오른쪽의 숫자 11+90=101이 되는 규칙입니다. 17+54+30=101으로 대각선의 합도 101이 성립합니다. 따라서 빈 칸은 101이 됩니다.

답 101

문제 18

풀이

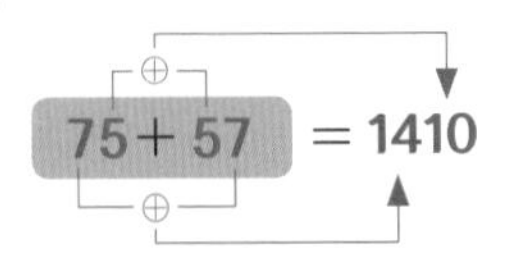

두 자릿수+두 자릿수에서 앞의 한 자릿수와 뒤의 한 자릿수의 합을 앞에 쓰고, 앞의 뒷 자릿수와 뒤의 앞 자릿수를 더해 그 합을 뒤에 쓰는 연산입니다.

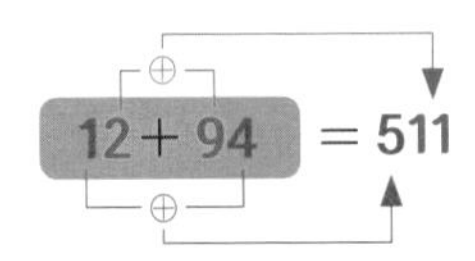

따라서 12+94=511이 됩니다.

답 511

문제 19

풀이 10×1×14×2=7×8×5=280

답

문제 20

답

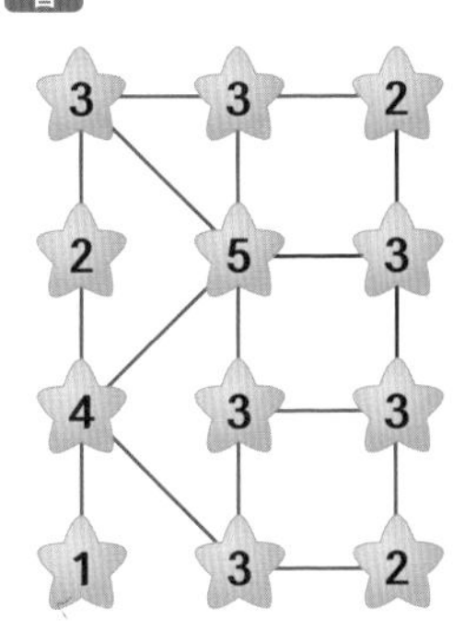

문제 21

답

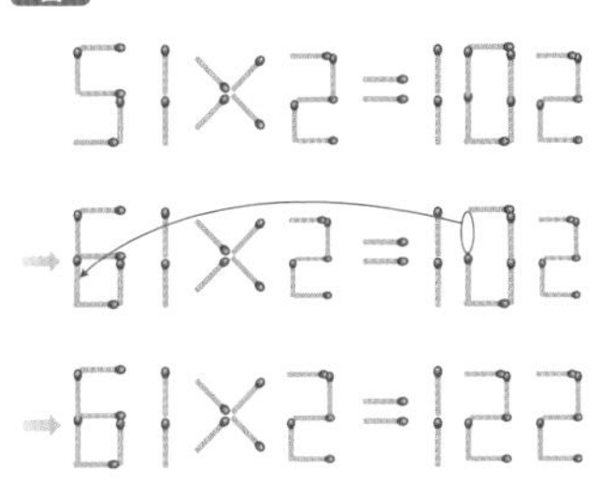

문제 22

풀이 계속 자르면

4

4+3

4+3×2

4+3×3

⋮

4+3×99

따라서 100번 자르면 4+3×99=301개가 됩니다.

답 301개

문제 23

풀이

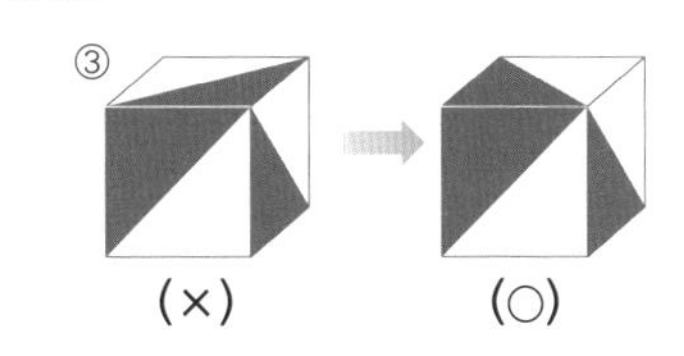

답 ③번

문제 24

풀이 오각형 안의 숫자의 합은 15입니다. 또 오각형 좌측과 우측에 있는 숫자의 합은 8입니다.

답 시계방향으로 6, 1, 4, 1, 6

문제 25

답 순서대로 1, 3, 4, 1, 2, 2, 1, 3, 3, 4, 1

1	2	3	4
4	3	1	2
2	1	4	3
3	4	2	1

문제 26

답

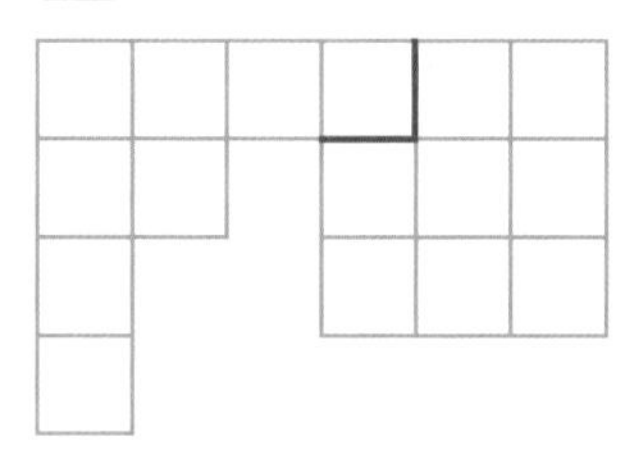

문제 27

풀이 먼저 원 위의 점과 점을 연결하면 두 수의 차가 12인 것을 알게 됩니다. 1과 13은 큰 수−작은 수=12, 2와 14는 큰수−작은 수=12, 3과 15는 큰수−작은 수=12,… 이렇게 연결한 것입니다. 그리고 1과 29, 2와 30, 3과 31,…에서 두 수의 차가 28인 것을 알 수 있습니다. 이러한 규칙으로 연결하여 완성하면 가운데 부분에는 원이 그려집니다.

답 **원 위의 점과 점의 두 수의 차가 12이거나 28인 규칙으로 선분을 그었습니다.**

문제 28

답 예 순서대로 15, 8, 10, 3, 23, 11, 8, 15, 12

예

11	15	8	16
10	3	23	14
14	17	11	8
15	15	8	12

답은 이 외에도 여러 가지가 있습니다.

문제 29

풀이 ①는 가장 큰 도형이 원이고 가장 작은 도형이 삼각형입니다. ②는 가장 큰 도형과 가장 작은 도형이 모두 정오각형입니다. ③, ④, ⑤도 사각형으로 모두 같습니다. 따라서 ①는 가장 큰 도형과 가장 작은 도형이 다르므로 ①이 성격이 다릅니다.

답 ①

문제 30

풀이 7+6+5+4+3+2+1=28입니다. 이때 이러한 것이 7번 반복되면 28×7=196이며, 여기서 1과 7을 더한 것을 3번 뺍니다. 따라서 196−(1+7)×3=172칸 움직인 것이며 172÷7=24…4이므로 보라색 보석에 위치하게 됩니다.

답 **보라색 보석**

문제 31

풀이 ③번 그림을 보면 단풍잎의 방향이 다른 것을 알 수 있습니다.

답 ③

문제 32

풀이

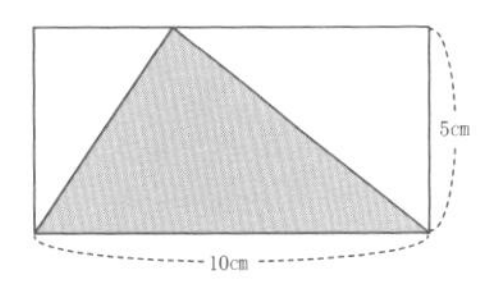

위의 넓이는 밑변이 10㎝이고, 높이가 5㎝인 직각삼각형이므로 $10\times5\div2=25\text{cm}^2$ 입니다.

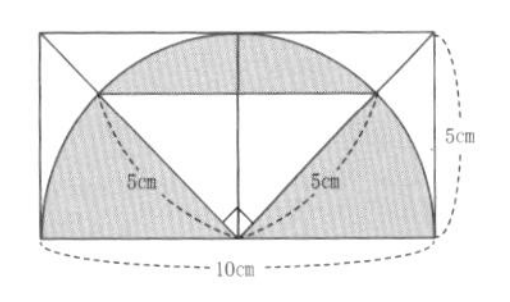

위의 넓이는 반지름이 5㎝인 반원에서 밑변과 높이가 각각 5㎝로 같은 직각이등변삼각형을 뺀 넓이입니다.

따라서 $5\times5\times3.14\div2-5\times5\div2$

$=39.25-12.5=26.75\text{cm}^2$ 입니다.

두 도형을 더하면 51.75cm^2 .

답 51.75cm^2

문제 33

풀이 0과 0 사이의 숫자의 개수를 구하는 문제이며 802030304에는 3개가 있습니다.

답 3

문제 34

풀이 ①는 ③와 마주보는 면이 되고 보이지 않습니다.

답 ①

문제 35

풀이

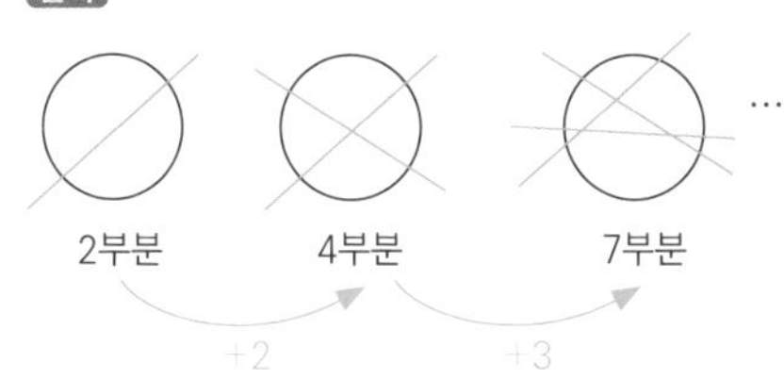

위의 그림처럼 직선 1개를 그리면 원은 두 부분으로 분할됩니다. 직선을 더 그릴수록 원의 나누어지는 부분은 2, 3, 4, 5, 6,…개가 더 늘어나며 따라서 직선을 60개 그으면

$2+2+3+4+\cdots+59+60$

$=1+(1+2+3+4+\cdots+60)$

$=1+61\times30\div2=916$(개)입니다.

답 916(개)

문제 36

답

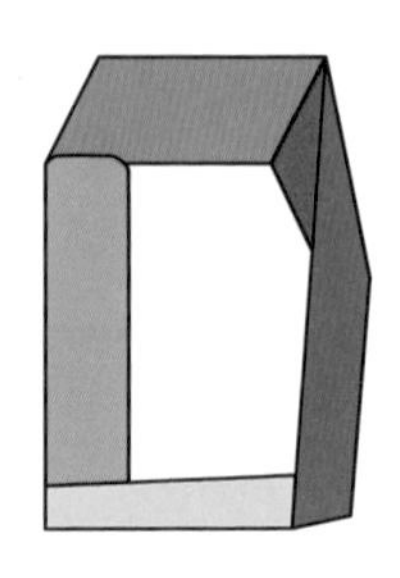

문제 37

풀이 9×9×9=729가지

답 729가지

문제 38

풀이

$$\frac{(9\times8\times7\times6\times5\times4\times3\times2\times1)}{(2\times1)\times(3\times2\times1)\times(4\times3\times2\times1)}$$

=1260(가지)

답 1260가지

문제 39

풀이 영어를 a부터 z까지 씁니다. 그리고 y부터 왼쪽으로 5칸을 이동하면 t, 6칸을 이동하면 n이 되며 계속 이 순서대로 가면 g, y, p, f가 됩니다.

답 p, f

문제 40

풀이

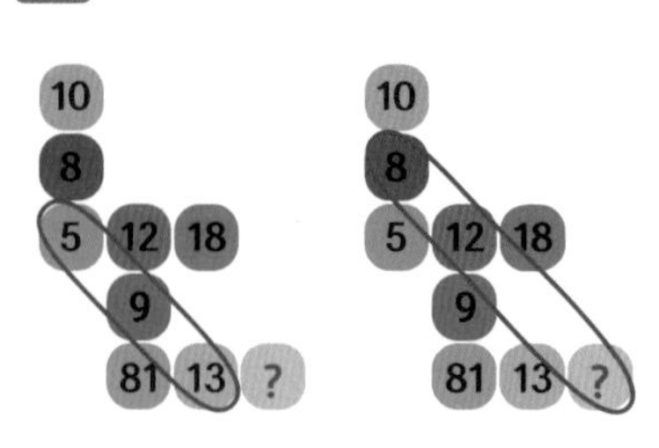

왼쪽을 보면 5, 9, 13은 대각선 방향으로 4씩 증가함을 알 수 있습니다. 그리고 오른쪽은 8, 12만 나와 있습니다. 이를 통해 4씩 증가함을 예상할 수 있습니다. 따라서 **?**는 8, 12, 16, 20에서 20입니다. 16은 칸이 나와 있지 않지만 추정할 수 있습니다.
계속해서 아래 그림을 보면 10, 18이 있습니다. 이것도 4씩 증가하므로 10, 14, 18이 됩니다.

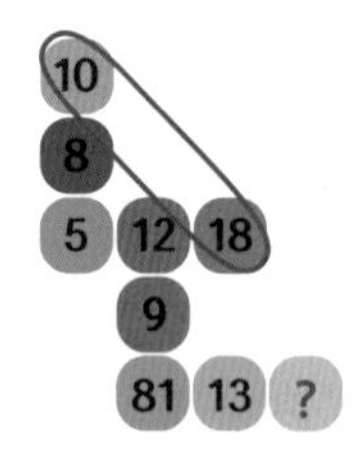

따라서 **?**는 20입니다.

답 20

문제 41

풀이 가장 오른쪽을 보면 6개의 숫자가 있습니다. 왼쪽으로 한 칸을 이동하면 위아래로 뒤집고 가장 작은 수인 11이 없어집니다. 그 다음은 한 번 더 뒤집고 가장 큰 수인 60이 없어집니다. 또 뒤집으면 25가 가장 위에 있습니다. 그리고 가장 작은 수인 17은 없어집니다. A=33, B=21입니다.

답 A=33, B=21

문제 42

풀이 1+2+3+4+⋯+10=55입니다. 그러면 10은 46번 째부터 55번 째까지의 수가 됩니다.

1+2+3+4+⋯+11=66
1+2+3+4+⋯+12=78
1+2+3+4+⋯+13=91
1+2+3+4+⋯+14=105입니다.

92번째부터 105번째까지의 수는 14입니다. 따라서 100번째 올 수는 14가 됩니다.

답 14

문제 43

풀이 는 삼각형을 역삼각형으로 바꾸는 기호입니다. 180도 회전하는 의미이기도 합니다. 는 오른쪽 또는 왼쪽으로 90도 회전을 나타냅니다. 이 두 가지 모양이 등변사다리꼴에 적용되면 또는 됩니다.

답 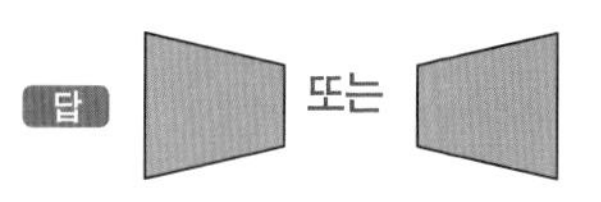

문제 44

답 ②

문제 45

풀이 서로 다른 기호가 각 행부터 2, 3, 4이므로 ?에는 가 옵니다.

답 

문제 46

풀이 불규칙적으로 순서쌍을 이루면 숫자는 바뀌는데, 함수의 성질을 이용하면 쉽게 풀립니다. (5, 14)와 (3, 2)를 통해 함수식을 구하면 $y=6x-16$이므로 (1, −10)을 대입하면 성립합니다. 7에 대응하는 수는 26입니다.

답 26

문제 47

풀이 2는 소수 중에 가장 작은 수이자 짝수입니다. 나머지 수는 홀수인데, 13, 67, 83, 103은 모두 소수입니다. 소수가 점점 커지므로 ?에 알맞은 소수는 113입니다. 나머지 보기는 모두 합성수입니다.

답 ⑤

문제 48

풀이 쌓기나무로 만들 수는 없지만 연결큐브로는 만들 수 있는 경우를 생각합니다.

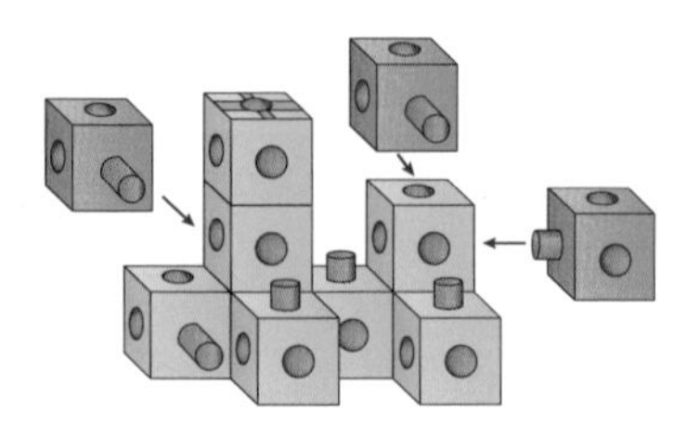

2층에는 연결큐브의 뒤에 3가지의 경우가 있습니다.

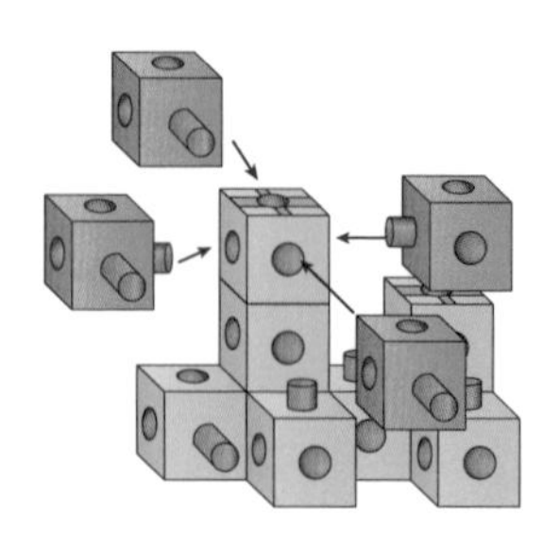

3층에는 앞, 뒤, 옆에 4가지의 경우가 있습니다. 따라서 모두 7가지의 경우가 있습니다.

답 7가지

문제 49

풀이

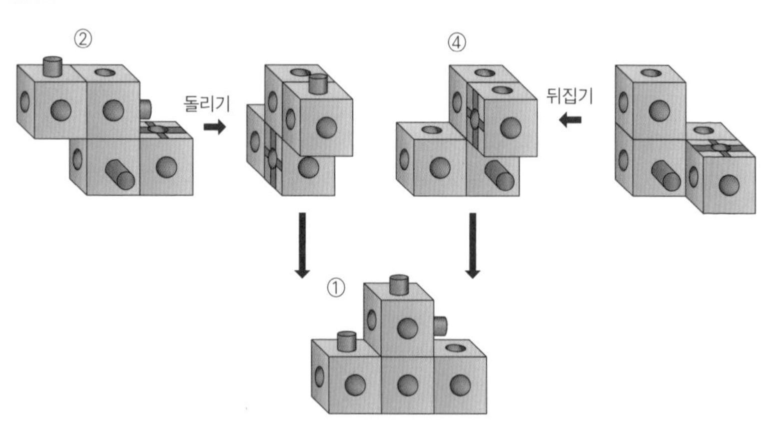

답 : ①, ②, ④

문제 50

풀이

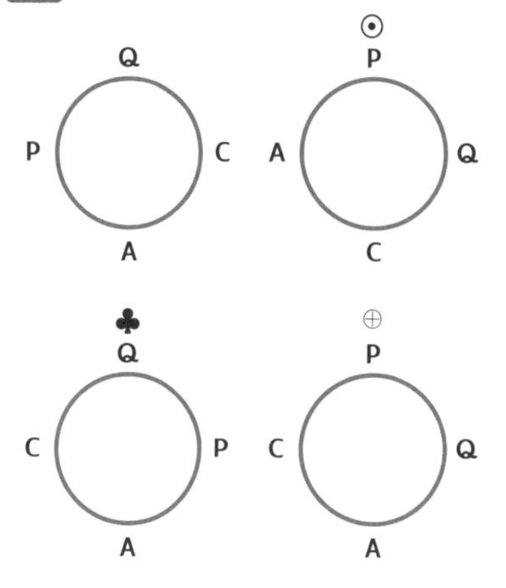

⊙는 제일 뒤의 알파벳을 맨 앞으로 하고 나머지 알파벳은 그대로 쓰는 명령어입니다. ♣는 맨 뒤의 알파벳을 축으로 오른쪽으로 뒤집는 명령어이며 ⊕는 첫째와 넷째 알파벳을 서로 바꿉니다.

답

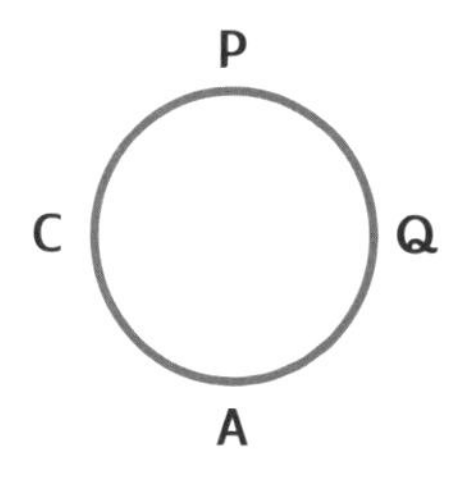

문제 51

풀이 주사위의 눈의 뒷면을 생각하면서 풀어 보는데, 3 뒤의 숫자는 4, 5 아래의 숫자는 2, 1 오른쪽의 숫자는 6입니다. 이것을 머릿속에 떠올리며 주사위의 바닥면과 맞닿는 면의 숫자를 생각하면 됩니다.

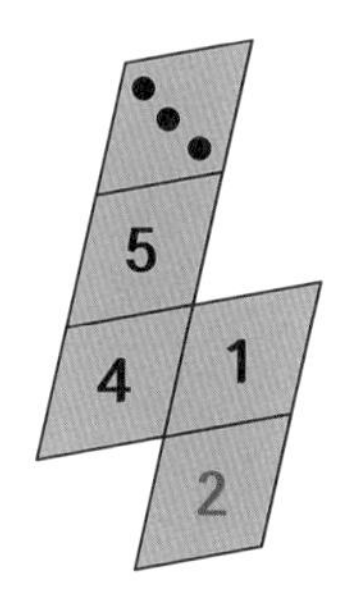

답 2

문제 52

풀이 빨간 원은 시계방향으로 한 바퀴 이동하다가 점차 커다랗게 이동합니다. 그리고 보라색 직사각형은 오른쪽으로 이동하면서 위로 한 칸씩 올라갑니다. 더 이상 올라가지 못하면 다시 내려갑니다.

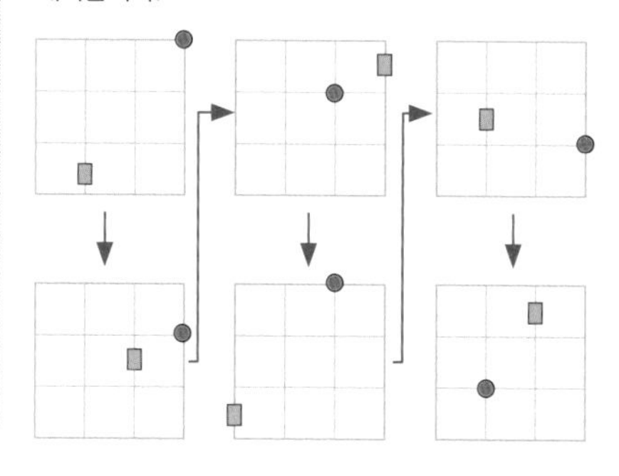

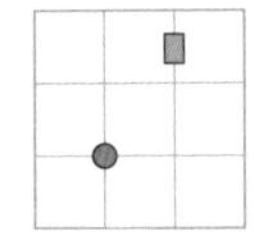

문제 53

풀이 나무토막의 맨 아래층을 1층, 그 위의 층을 2층, 맨 위층을 3층으로 정합니다. 그러면 1층부터 3층까지의 먹물이 묻은 면의 개수는 아래처럼 나타낼 수 있습니다.

3	2	2	4
2	1	1	3
2	1	1	3
3	2	2	4

1층

3	1	3
2	0	2
2	0	2
3	1	3

2층

4
3
3
4

3층

숫자 1이 써 있는 부분은 1층에 4개, 2층에 2개가 있습니다. 따라서 6개입니다.

답 6개

문제 54

풀이

따라서 4번 바꾸면 됩니다.

답 4번

문제 55

풀이

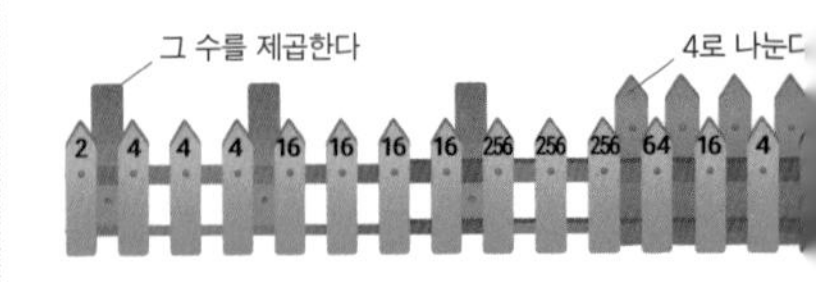

답 1

문제 56

풀이 연속된 두 수의 곱을 테니스공을 넣는 통의 개수로 연상하면 빨리 해결됩니다. 72=8×9이며, 1통이 비었을 때 8개의 테니스 통에 테니스 공을 9개씩 넣으면 됩니다. 통에서 1개씩 빼내어 나머지 1통에 넣으면 8개씩 넣게 되므로 테니스 공은 72개입니다.

답 72개

문제 57

풀이 111×111을 계산하면 그 과정은 111의 합이 3이므로

111×111=3×3=9입니다.

222×222도 계산하면 222의 합이 6이므로

222×222=6×6=36입니다.

따라서 333×333=9×9=81입니다.

답 81

문제 58

풀이 새끼 거북을 x마리, 달팽이를 y마리, 고슴도치를 z마리로 둔 후 연립방정식을 세워서 풀어봅니다.

$$3x=5y$$

$$y=\frac{3}{5}x \quad \cdots ①$$

$$z=2x+3y$$

$$=2x+\frac{9}{5}x$$

$$=\frac{19}{5}x \quad \cdots ②$$

문제는 $2z+4x$ ◯ $3y+9x$

$$\rightarrow \frac{38}{5}x+4x \bigcirc \frac{9}{5}x+9x$$

$$\rightarrow \frac{58}{5}x \bigcirc \frac{54}{5}x$$

양변에 $\frac{5}{x}$를 곱하면

$$\rightarrow 58>54$$

답 고슴도치 2마리와 새끼 거북 4마리가 달팽이 3마리와 거북이 9마리보다 더 힘이 쌥니다.

문제 59

풀이

4	5	8	4	11	19
12	13	9	5	7	15
6	11	2	3	7	5
2	7	8	9	3	1
5	20	14	10	16	17
1	16	19	15	12	13

빨간색으로 칠한 부분을 보면 대각선으로 4+13=5+12=17임을 알 수 있습니다. 나머지도 같은 규칙을 적용하면 구하고자 하는 빈칸은 ?+1=5+3이므로 ?는 7입니다.

답 7

문제 60

풀이

2	4	5	10
5	9	7	5
1	13	3	?
7	1	4	5

빨간 테두리 부분을 보면 2+5=1×7을 예상할 수 있습니다. 4+9=13×1이므로 10+5=?×5에서 ?=3이 나옵니다.

답 3

문제 61

풀이 맨 첫 장의 13은 1+3=4입니다. 이 수에 3배를 하면 둘째 장의 12가 됩니다. 그렇다면 네 번째장의 27에서 각 자릿수의 합 9에 3을 곱하면 27이며 여러번 계산해도 27은 계속 27이 됩니다. 따라서 ?는 27입니다.

답 27

문제 62

답

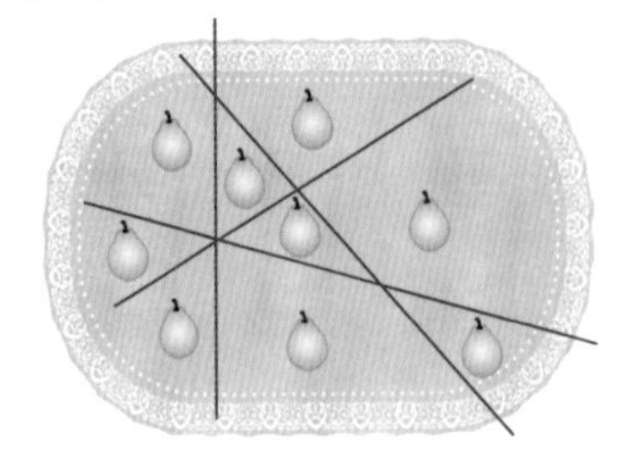

문제 63

답

문제 64

풀이 대각선 한 개에 붙은 회색 타일 개수와 또 다른 대각선에 붙은 타일로 한 변에 붙일 수 있는 타일의 개수를 알 수 있습니다. 그리고 중간에 만나는 한 개의 회색 타일만 겹치므로, 한 변에 붙일 수 있는 타일의 개수는 $(109+1)\div2=55$(개)입니다. 따라서 전체 타일의 개수는 $55\times55=3025$(개)이며, 흰색 타일의 개수는 $3025-109=2916$(개)입니다.

답 2916개

문제 65

풀이

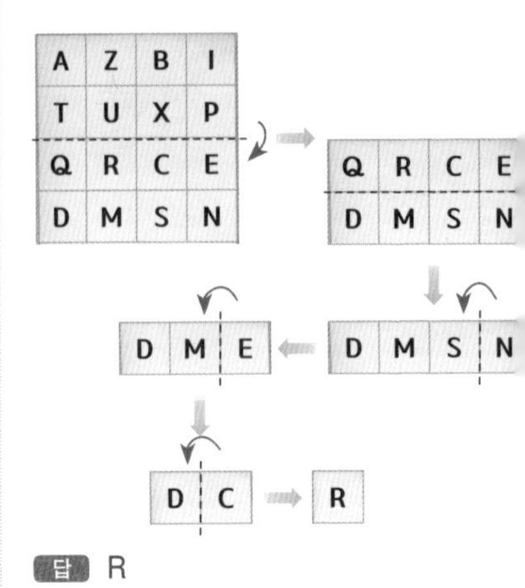

답 R

문제 66

풀이 원 하나를 더 그린 후 그 원의 반지름과 가장 왼쪽 아래 원과 직선을 그으면 두 부분으로 나누어집니다. 이러한 문제는 7개의 원으로 해결은 되지 않아서 하나의 원을 한 개 더 추가로 그려서 풀면 됩니다.

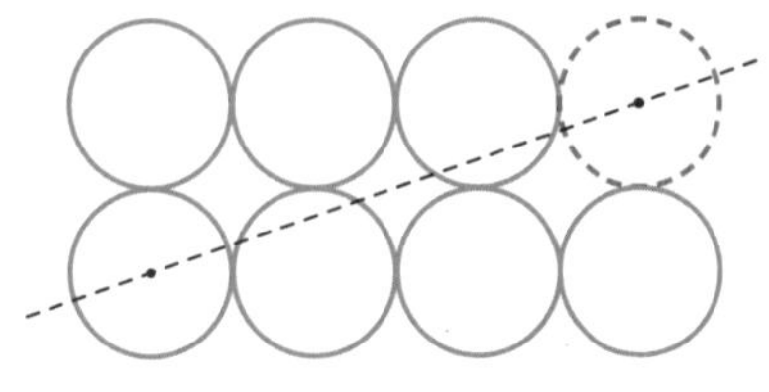

문제 67

풀이 점선 부분은 성냥개비 12개를 뺀 부분을 나타낸 것입니다.

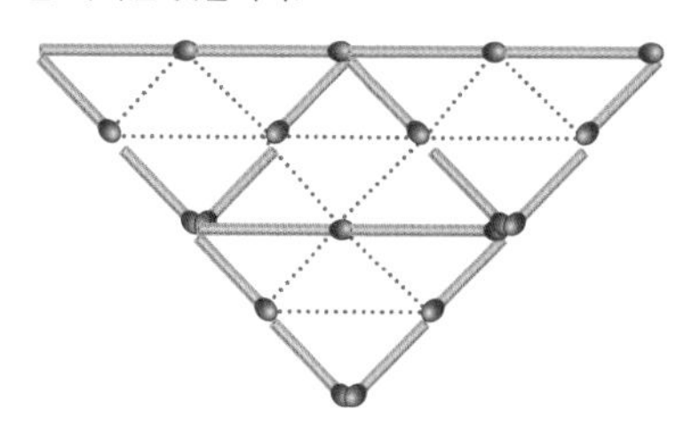

이는 삼각형 4개와 4칸짜리 삼각형 1개가 되어 5개의 삼각형이 됩니다.

답

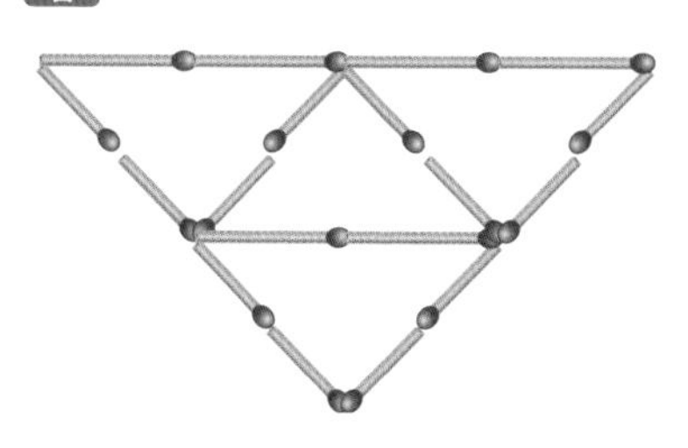

문제 68

답

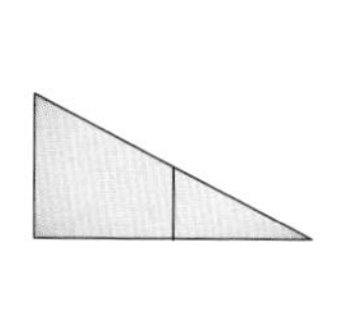

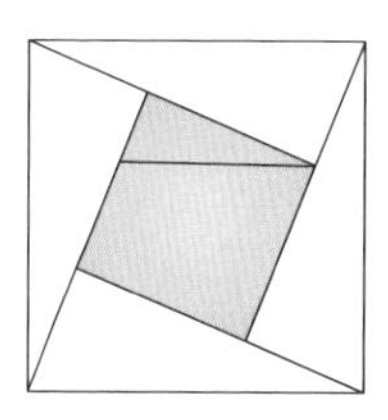

문제 69

풀이

가로와 세로, 대각선의 합이 15가 되게 마방진을 구성합니다.

답 순서대로 7.5, 4.5, 5, 5.5

7.5	3	4.5
2	5	8
5.5	7	2.5

문제 70

풀이

답 시계 반대 방향

문제 71

답

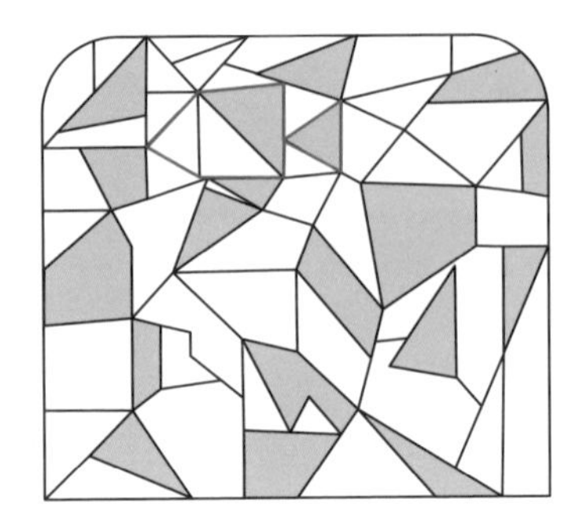

문제 72

풀이 숫자를 계속 연결하면 풀 수 있는 연산 문제입니다

21+21+21+21+2121+21+21+21+2121+21+21×10
=21×8+21×10+2121×2
=4620

답 4620

문제 73

풀이 단계가 올라갈수록 그림들은 180도 회전하면서 세 번째 그림이 빠지게 됩니다. 따라서 ?에 알맞은 그림은 아래처럼 됩니다.

답

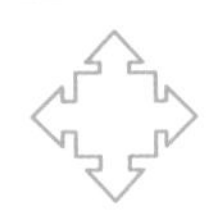  

문제 74

풀이 1,2,3,4,5,6,…과 같은 수열을 생각합니다. 13은 첫 번째 항이자 한 개의 군이며 1, 13은 두 번째, 세 번째 항이자 2번째 군입니다. 1+13=14로 13 다음의 14는 1이 커지는 숫자입니다. 5, 10, 0은 세 번째 군이며 그 합이 15입니다. 그러면 9, 4, 2는 여러분의 머릿속에 이미 답이 나왔을 것입니다.
즉 군의 합이 16이므로 9+4+2+?=16
따라서 ?=1입니다.

답 1

문제 75

풀이 571284에서 첫 번째 5와 7의 합은 12입니다. 그 결과가 5712입니다. 계속해서 두 번째의 7과 세 번째, 네 번째 수 12를 곱하면 84가 됩니다. 이제 규칙을 발견했으니 7815120, 3912108이 규칙에 따른다는 것을 알 수 있습니다. 따라서 67□□□□에서 6713□□이고, 671391이 됩니다.

답 1, 3, 9, 1

문제 76

풀이 뒤집어 보면 아래처럼 됩니다.

515355■59

2씩 커지는 규칙이므로 빈 칸은 57이 됩니다.

답 57 또는 LS(디지털 형식 표기로)

문제 77

풀이 너무 깊게 생각하면 오히려 풀기가 어려운 문제입니다. 정사각형 안에 3개의 직선을 그은 것이 네 개의 도형의 특성이며 그중 하나를 골라 색칠한 것입니다. ④는 정사각형 안에 4개의 직선을 그었으니 나머지 넷과 다릅니다.

답 ④

문제 78

풀이 오른쪽 그림을 180도로 회전한 후 왼쪽의 그림과 더하면 꽉 찬 그림이 됩니다.
이에 따라 ②번을 살펴보면 다음과 같습니다.

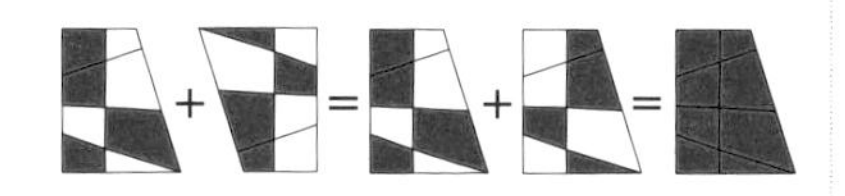

새앙쥐 양 옆에 있는 두 도형을 더하면 8칸이 다 칠해진 도형이 되는 것입니다.

답 ①

문제 79

풀이

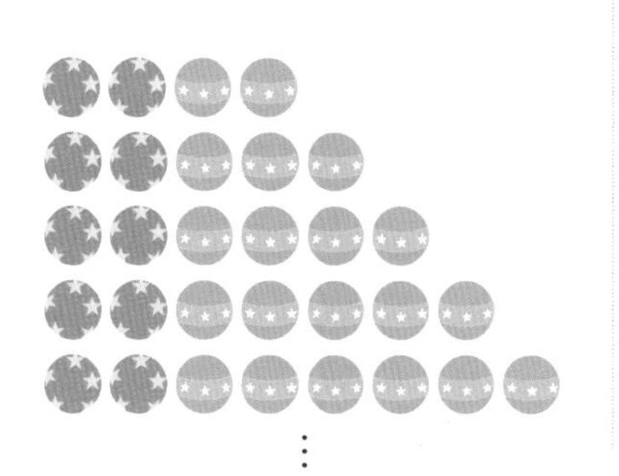

위의 그림처럼 다시 배열하면 4, 5, ,6, 7, 8, …파란 공이 한 개씩 늘어남을 알 수 있습니다. 4+5+6+7+…+16=130이므로 마지막 공은 파란 공입니다.

답 파란색

문제 80

풀이 맨 첫줄의 1번부터 9번까지 9명을 2000명에서 빼면 둘째줄과 셋째줄, 넷째줄과 다섯째줄…로 항상 같은 반복이 이루어집니다.
(2000−9)÷14=142…3
2000은 14씩 142번 반복되고 세 번째 수가 되므로 2000번은 5조에 속합니다.

답 5조

문제 81

풀이 1에서 9까지의 숫자를 행 또는 열에서 한 번씩 사용한 것입니다. 따라서 ?에 알맞은 수는 7입니다.

답 7

문제 82

풀이
부수의 획수가 1획, 2획, 3획, 4획이 이루어져 있는데, ⑤번의 설 립자(立)는 5획입니다.

답 ⑤

문제 83

풀이 작은 수부터 큰 수로 배열하면

3 8 23 68 ? 입니다.

3×3−1=8, 8×3−1=23이므로 앞의 숫자에 3배를 한 후 1을 뺀 것입니다. 따라서 68×3−1=203입니다.

답 ③

문제 84

풀이 1D−2U−1R−2L−1D−2R−2R−3L−열쇠의 순으로 열 수 있습니다.

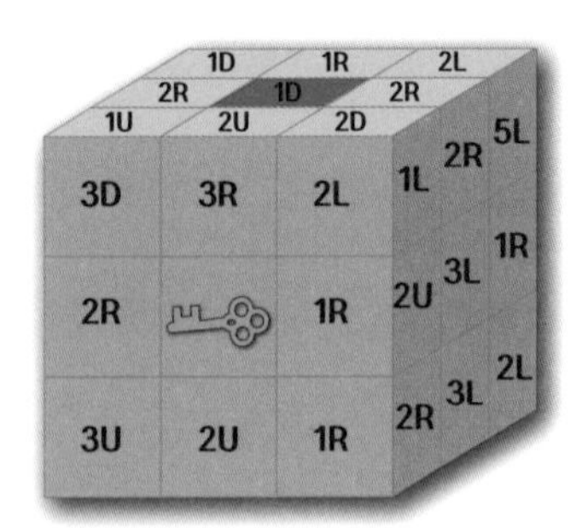

답 1D

문제 85

답

	B				B
		D		A	
A	C		C	D	
B			C		
		A	D	D	
A			B	C	

문제 86

답

	3				
3		3			
	2			3	2
	2				2
	2	2	2		2
			2	2	2

문제 87

답

2	3	1 <	4	5	6
1	2 <	4	3	6	5
∧					
4	1	5 <	6	2	3
					∨
3	4	6	5	1	2
				∧	
5	6	3 >	2	4	1
	∨				∧
6	5	2	1	3	4

문제 88

풀이 초록색 원의 합에서 파란색의 원의 합을 빼면 가운데 주황색 원의 숫자가 됩니다.
문제를 구하면 다음과 같습니다.
(7+7+5+4)−(5+6+6+5)=1

답 1

문제 89

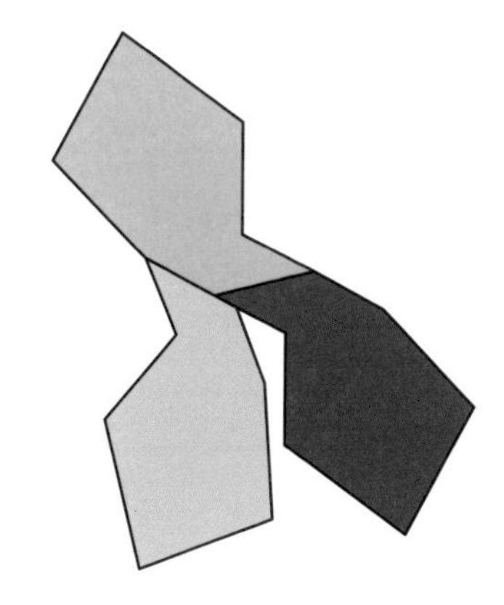

문제 90

풀이 이 문제는 1894년에 프랑스에서 발행된 《숫자 놀이》라는 책에서 소개된 숫자 퍼즐 문제입니다.

$1234 \times 9 + 5 = 11111$

$12345 \times 9 + 6 = 111111$

$123456 \times 9 + 7 = 1111111$

$1234567 \times 9 + 8 = 11111111$

$12345678 \times 9 + 9 = 111111111$

답 111111111

문제 91

답 ②

문제 92

풀이

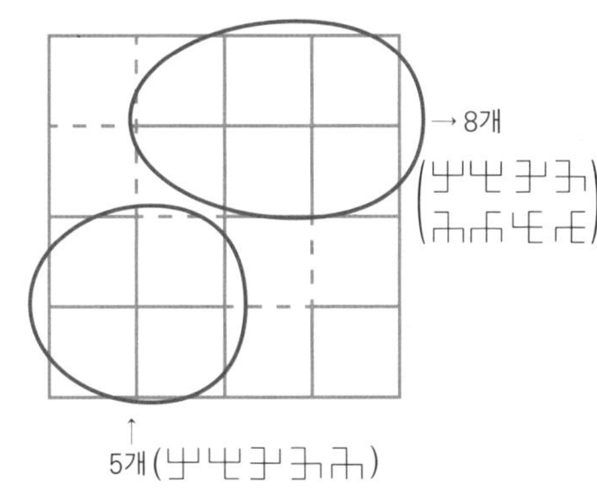

답 13개

문제 93

풀이 짝수끼리 곱하여 홀수로 나눈 수를 구하는 것입니다.

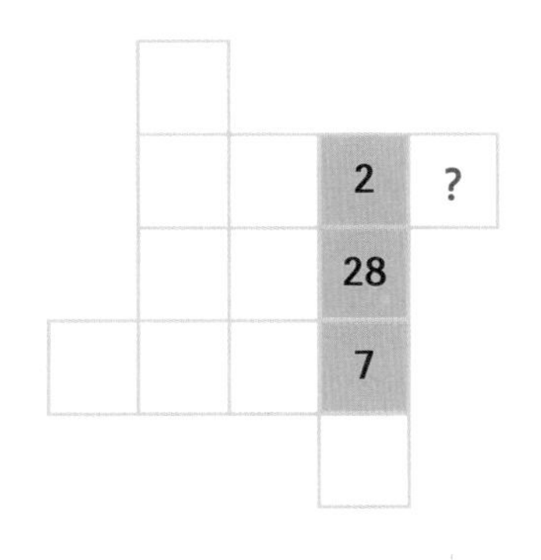

위의 그림에서 짝수인 2와 28을 곱한 후 홀수인 7로 나누면 답이 나옵니다.
28×2÷7=8

답 8

문제 94

풀이

완전한 전구

맨 위에 필라멘트가 없다

베이스에 하얀 줄

배기관이 4개가 아니라 3개

답 4종류

문제 95

풀이 예를 들어 19개의 선인장은 19명이 모두 1개씩 나누어 가질 수 있습니다. 이것은 홀수 명에게 홀수 개를 나누어 준 것입니다. 그리고 2명에게 3개씩을 주고, 13명에게 1개씩 주어도 15명에게 준 것이 되므로 홀수 명에게 홀수 개를 준 것입니다. 가능한 경우의 수는 매우 많지만 홀수 명에게 홀수 개를 주는 것을 유추할 수 있습니다. 그러면 결국 문제에서 홀수 개인 19개의 선인장을 담은 화분은 홀수 개이므로 홀수 명에게 나누어 주게 됩니다.

답 홀수 명

문제 96

풀이 이 문제는 도형끼리 겹쳐진 부분이 각 도형의 변의 합 또는 꼭짓점의 합이라 생각하면 됩니다. ?에 알맞은 부분은 검은 부분으로 직사각형, 원, 육각형이 겹쳐진 부분입니다.
따라서 4+0+6=10입니다.

답 10

문제 97

풀이

왼쪽과 오른쪽의 문양을 더하면 가운데 문양이 됩니다. 또는 맨 위와 맨 아래의 문양을 더하면 가운데 문양이 됩니다.

위의 모양으로 왼쪽과 오른쪽의 문양을 더하면 가운데 문양이 되는 것을 확인할 수 있습니다.

답

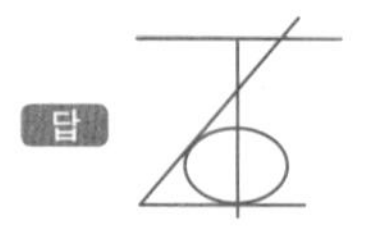

문제 98

풀이 A 바로 아래 C가 산다는 문장을 보고 C는 1층, A는 2층으로 가정할 수 있습니다. 그리고 D가 4층, E가 5층이면 B는 3층이 되어 세 번째 문장도 조건에 충족합니다.

답 C: 1층, A: 2층, B: 3층, D: 4층, E: 5층

문제 99

풀이 125개의 입체도형의 맨 아래층을 1층, 맨 위층을 5층으로 하면 각각의 층을 검은색이 묻은 부분과 묻지 않은 부분을 나타낼 수 있습니다. 그 그림은 아래와 같습니다.

파란 색의 개수를 세면 검은 색 부분을 뺀 모양을 나타낸 것이 됩니다.

따라서 16+17+19+21+10=83개입니다.

답 83개

문제 100

풀이

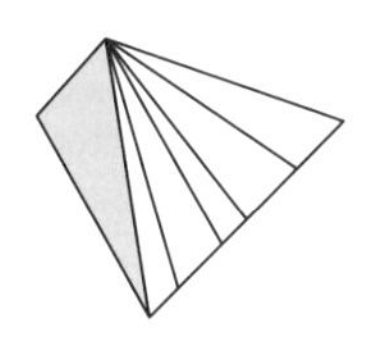

우선 위의 그림처럼 1개가 있습니다.

그 다음에는 1칸을 차지하는 삼각형으로 5개가 있습니다.

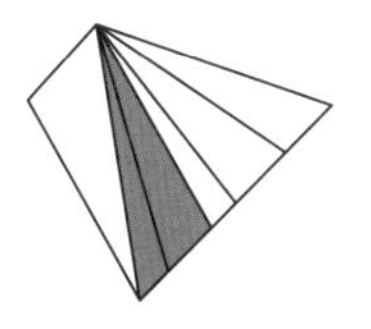
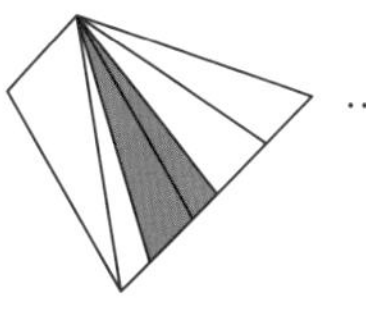

…

2칸짜리 삼각형은 4개가 있습니다. 위의 그림처럼 하면 2개가 더 그려질 것입니다.

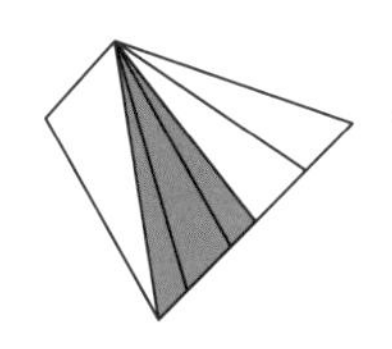
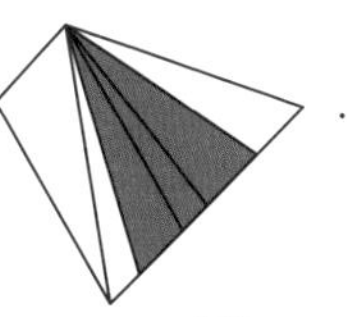

…

3칸짜리 삼각형은 3개가 있습니다. 4칸짜리 삼각형은 2개가 있으며 5칸짜리는 1개가 있습니다. 따라서 합은 16개입니다.

답 16개

문제 101

풀이 1+2+3+4+5+6=21입니다. 21개의 사탕은 1개, 2개, 3개, 4개, 5개, 6개로 나눠 6묶음으로 그 개수를 다르게 할 수 있지만 22개일 경우 1개부터 6개로 이루어진 사탕 중에 적어도 어느 한 묶음은 같은 개수가 됩니다.

답 불가능하다

문제 102

풀이 ACE LARGE 26을 겹쳐서 나열한 것입니다. 따라서 숫자와 영문자는 모두 10개입니다.

답 10개

문제 103

답 ④

문제 104

답

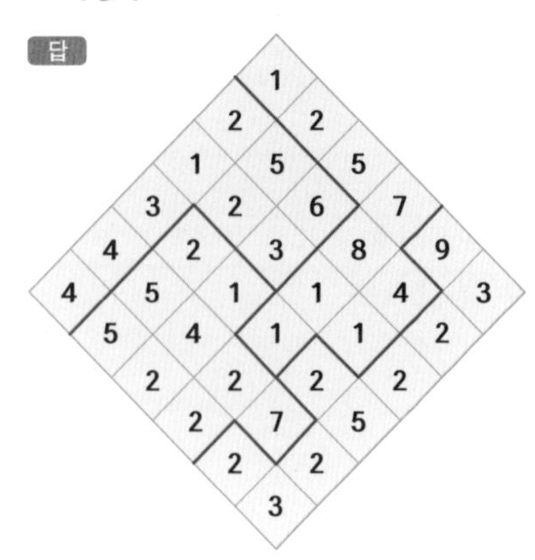

문제 105

풀이

13개의 연결 큐브 또는 쌓기나무로 구성합니다.

답 13개

문제 106

풀이 만약 세 종류의 카드를 다 뽑아도 나머지 한 무늬가 나오지 않는다면 13×3=39장을 뽑은 것입니다. 나머지 한 무늬는 1장을 더 뽑으면 되므로 40장입니다.
예를 들어 클로버 13장, 하트 13장, 스페이드 13장을 뽑으면 39장을 뽑게 되어 세 가지 무늬만 뽑은 것이 됩니다. 여기에 다이아몬드 1장을 더 뽑으면 네 가지 무늬를 모두 뽑은 것으로 40장이 되는 것입니다.

답 40장

문제 107

풀이 주사위의 앞면과 옆면의 숫자의 곱에 밑면의 숫자를 빼면 됩니다.
맨 처음 그림은 $3\times2-1=5$이고, 두 번째 그림은 $4\times6-2=22$입니다.
질문하는 문제는 $2\times3-5=1$입니다.

답 1

문제 108

풀이

$$\begin{array}{r} 651 \\ +\ 165 \\ \hline 816 \end{array}$$

문제 109

풀이 맨 위의 숫자와 맨 아래의 숫자를 더하면 가운데 숫자가 됩니다. 즉 $11+16=27$, $15+17=32$입니다. 따라서 $17+18=35$, $41+?=53$에서 $?=12$입니다.

답 35, 12

문제 110

풀이 ↑28↓ ◀5=11에서 ↑28↓ $=2\times8=16$, ◀는 감산을 의미하는 기호입니다. 따라서 화살표는 두 수를 곱하는 기호를 의미하게 됩니다.

↑7210↓ ◀↑5712↓ =36에서
↑7210↓ $=72\times10=720$,
↑5712↓ $=57\times12=684$이므로
$720-684=36$입니다.

↑12357↓ ◀↑724↓ =ERROR는 화살표 안의 숫자가 홀수 개이므로 나누어서 연산이 안되므로 이 계산식은 ERROR가 되는 것입니다. 화살표 안의 숫자는 항상 짝수 개이어야만 계산이 됩니다.
따라서 ↑3526↓ ◀↑1221↓ ◀↑3113↓
$=35\times26-12\times21-31\times13$
$=910-252-403$
$=255$

답 255

문제 111

풀이 먼저 삼각형을 몇 개 구할 수 있는지 생각합니다. 1칸짜리는 16개이며, 4칸짜리는 7개입니다. 9칸짜리는 3개이며, 16칸짜리는 1개입니다. 따라서 모두 27개의 삼각형을 구할 수 있습니다.
한편 문어를 포함하는 삼각형은 1칸짜리는 1개, 4칸짜리는 2개, 9칸짜리는 2개, 16칸짜리는 1개입니다. 그러므로 문어를 포함하는 삼각형은 6개입니다.
따라서 문어를 포함하지 않는 삼각형은 27−

6=21개입니다.

답 21

문제 112

답

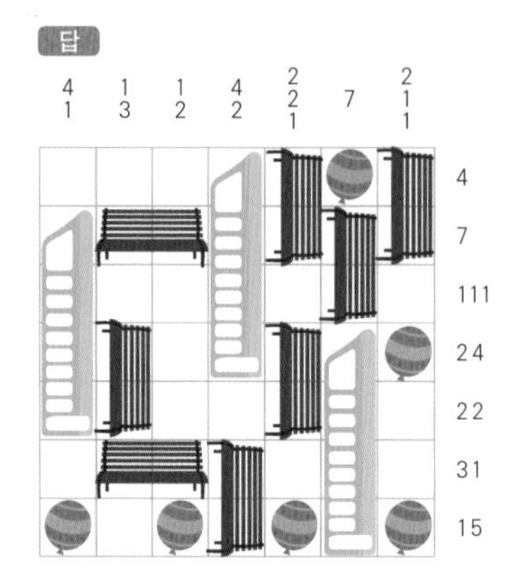

문제 113

풀이 삼각형의 개수를 찾으면 됩니다. 답은 12개입니다.

답 12

문제 114

풀이 8개의 돌까지가 하나의 패턴을 이룹니다. 즉 흰 돌에서 시작하여 검은 돌로 마치는 것이 한 주기입니다.

$100 \div 8 = 12 \cdots 4$이므로 나머지에 속하는 4는 흰 돌, 검은 돌, 검은 돌, 흰 돌이므로 흰 돌은 2개입니다.

한 주기에 흰 돌은 4개이므로 $4 \times 12 + 2 = 50$

답 50개

문제 115

풀이 서로 다른 두 쌍이 평행하게 그려야 합니다. 그렇지 않으면 두 선분이 서로 삐뚤어져서 도형이 만들어지지 않습니다.

답

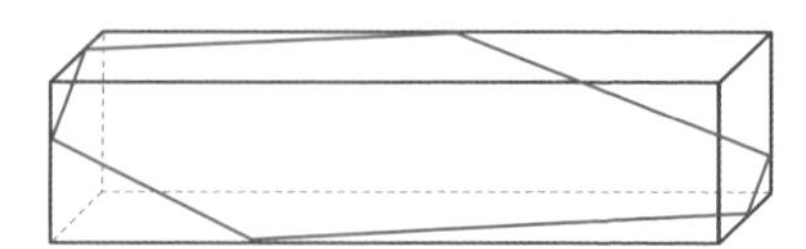

문제 116

풀이 첫 그림을 보면 시계방향으로 7, 8, 9, 10, 2가 있습니다. 손가락은 숫자 2를 가리킵니다.

$(8 \times 9 - 2) \div 7 = 10$입니다. 따라서 8과 인접한 숫자 9를 곱한 후 손가락이 나타내는 숫자 2를 뺍니다. 그리고 7로 나누면 오른쪽 보라색의 숫자는 10이 됩니다. 이와 같은 방법으로

$(10 \times 9 - 5) \div 5 = 17$이 됩니다.

답 17

117

는 두 번 사용했습니다.

답 

문제 118

풀이 1324에서 13은 1을 세 번 곱하는 의미입니다. 24는 2를 네 번 더하라는 의미입니다. 따라서 5244는 5를 두 번 곱하고, 4를 네 번 더하면 2516이 됩니다.

2+2+2+2

13 24 = 18

1×1×1

4+4+4+4

5244 = 2516

5×5

답 2516

문제 119

풀이 세 번째 도형을 중심축이자 중심축을 가진 도형으로, 데칼코마니처럼 축으로 생각하면 첫 번째 도형과 다섯 번째 도형은 서로 좌우 대칭인 도형임을 알 수 있습니다. 둘째와 넷째 도형도 마찬가지입니다.

답 ③번

문제 120

풀이 2열의 42와 3행의 46에 맞는 식을 생각하면

초록색×3+노란색=42…①
초록색+노란색×3=46…②

①+②=초록색×4+노란색×4=88
따라서 초록색과 노란색의 합은 22입니다.
① 또는 ② 식에서 초록색은 10, 노란색은 12입니다.
1열과 3열의 합을 식으로 생각하면 주황색×3+분홍색×3+노란색×2=55+56=111
주황색×3+분홍색×3+12×2=111

주황색+분홍색=29…③

1열에서 주황색×2+분홍색+노란색=55이므로 ③의 식을 대입하면 주황색은 14가 됩니다.
그리고 분홍색은 15입니다.
2행을 보면 분홍색+초록색+주황색+회색=50이므로 회색=50−(15+10+14)=11

답 11

수학 퍼즐 좀 더 알아보기

문제 1, 2

도형을 회전하여 다른 도형을 찾는 퍼즐입니다. 도형의 성질 및 패턴에 관한 문제로 기하학에 속합니다.

문제 3

기하학에서 공간지각능력에 관한 퍼즐입니다. 이 퍼즐은 시각적으로 쌓기나무를 인식하여 빈 공간을 추리해야 합니다. 공간지각능력은 주차장이나 엘리베이터의 짐 옮기기 등 다양한 공간 배치 문제에 응용할 수 있습니다.

문제 5

기하학에서 평면도형의 구성 능력을 측정하는 퍼즐로, 도형을 균등하게 분할하여 구성할 수 있는 실력을 측정합니다.

문제 7, 8

논리학에서 문자 또는 숫자의 혼합으로 이루어진 암호해독능력을 확인할 수 있습니다. 특수한 경우의 퍼즐 문제가 많으며 암호화는 퍼즐이나 수학 분야에서 어려운 부분에 속하는 편입니다.

문제 13

논리학에서 상호관계의 연역 가능성에 관한 퍼즐 문제입니다. 논리적으로 접근이 가능하며, 로지컬 라인의 적정 배치에 대한 무늬 찾기도 이에 속합니다. 수직선의 점의 위치에 관한 퍼즐도 마찬가지의 예입니다.

문제 14

원의 분할을 보며 서로 어떤 관계가 있는지 추론하는 퍼즐로, 멘사 문제에도 나옵니다. 빠른 숫자 감각과 수연산에 관한 인지능력도 필요로 합니다.

문제 18

숫자 퍼즐이며 19세기 유럽에서 귀족들이 여가 시간이나 토론 시간에 풀던 퍼즐이기도 합니다. 그들은 학식에 대한 과시로 퍼즐을 풀기도 했습니다.

문제 21

사고의 유연성에 관한 퍼즐입니다. 어떠한 물체나 완성된 도형의 일부를 이동하여 재조합하는 능력이 포함됩니다.

문제 23

멘사 또는 아이큐 테스트, 웩슬러 검사에서 공간능력을 측정하는 퍼즐로 많이 출제되는 편입니다. 성인을 위한 검사에도 확대되는 경향이어서 이 퍼즐 유형은 다양하고, 난이도가 높은 경우도 종종 있습니다.

문제 25

스도쿠 퍼즐은 1892년 프랑스에서 소개된 오래된 퍼즐이지만 1984년 〈퍼즐통신 니코리〉라는 일본 잡지에서 정식 명칭이 된 퍼즐입니다. 스도쿠 퍼즐은 창의사고력 문제에서 많이 쓰이며, 멘사에서도 그 중요성이 큽니다. 그만큼 지능개발에 상당한 효과를 준다는 의미이며 대수학의 행렬에 속합니다.

문제 27

응용수리 퍼즐이며 주어진 그림으로 점과 점을 잇는 선분은 수 연산과 어떤 관계가 있는지 거꾸로 알아보는 퍼즐입니다. 정수론에 속합니다.

문제 29

기하학에서 도형의 유사 패턴 영역에 속합니다. 도형의 공통된 특성이 어떤 것인지 파악하는 것입니다.

문제 31

정수론에 속하는 배수를 이용한 퍼즐입니다.

문제 34

기하학에서 입체 도형의 공간 능력에 속합니다. 축구공의 전개도로 정오각형 12개, 정육각형 20개의 32면체에 관하여 얼마나 머릿속으로 인지할 수 있는지 측정할 수 있는 퍼즐입니다.

문제 35

원을 직선으로 분할하여 몇 조각이 되는지 묻는 퍼즐로, 기하학에서 원과 직선의 관계에 속하며, 대수학에서는 수열에 속하는 퍼즐입니다. 또한 수열은 자연수를 정의역으로 하는 함수이므로 함수에도 속합니다.

문제 36

분할 퍼즐입니다. 몇 개의 조각으로 숫자를 재조합하는 퍼즐로 숫자 외에 다른 모양을 생성할 수도 있습니다.

문제 37

직접 다 구하지 않고도 효율적으로 퍼즐를 인식하여 해결하는 수리능력을 측정하는 확률 문제입니다.

문제 39

영문자를 나열한 후 어떤 패턴으로 영문자가 규칙적으로 바뀌는지 파악하는 퍼즐입니다. 암호해독퍼즐 문제와도 연관이 있습니다. 대수학에서는 수열에 속합니다.

문제 45

멘사에서도 소개되는 퍼즐입니다. 고대 상형 문자로 나타낸 퍼즐도 있습니다.

문제 46

좌표를 추정하는 퍼즐이며, 대수학에서 일차함수에 속합니다.

문제 47

자연수의 성질로 정수론입니다.

문제 51

기하학에서 공간지각능력 퍼즐입니다. 3차원 퍼즐 중 난이도가 높은 퍼즐에 속합니다.

문제 59

수열추리능력에 속하는 퍼즐로 논리학에 속하는 문제입니다.

문제 63

기하학에서 공간구성능력에 관한 퍼즐입니다. 많은 시행착오 후 해결되는 경우가 많습니다.

문제 65

기하학에서 평면구성능력을 파악하는 퍼즐입니다. 여러 번의 종이접기로 수리력을 향상시킬 수 있습니다. 단순한 평면퍼즐 문제이지만 난이도가 높은 편입니다.

문제 70

퍼즐 문제해결에 관한 인지능력에 속하는 퍼즐입니다.

문제 72

숫자에 관한 인지능력으로 멘사에서도 복합적으로 나오고, 수수께끼로도 알려진 퍼즐입니다. 단순하면서도 변별력을 따지기 어려운 퍼즐이기도 합니다.

문제 94

지각속도를 측정하는 퍼즐 문제입니다. 기하학 영역입니다.

문제 108

응용수리 퍼즐 문제로 많은 응용퍼즐 문제가 알려져 있습니다. 숫자 퍼즐의 논리 영역에 속합니다.

문제 110

빠른 지각속도를 요구하며 논리학이자 암호학에 속합니다.

문제 115

기하학에서 공간지각능력으로 입체도형의 단면에 대해 묻는 퍼즐 문제입니다.